PROGRAMMIER-
LEITFADEN

IBM® ROM BIOS

RAY DUNCAN

Übersetzt von
Peter Riswick

VIEWEG®

CIP-Titelaufnahme der Deutschen Bibliothek

Duncan, Ray:
Programmierleitfaden IBM, ROM, BIOS/
Ray Duncan. Übers. von Peter Riswick. –
Redmond, Washington: Microsoft Press;
Braunschweig: Vieweg, 1989
   Einheitssacht.: Programmer's quick
   reference series IBM, ROM, BIOS ⟨dt.⟩
   ISBN 978-3-322-99742-5   ISBN 978-3-322-99741-8 (eBook)
   DOI 10.1007/978-3-322-99741-8

Dieses Buch ist die deutsche Übersetzung von
Ray Duncan
Programmer's Quick Reference Series
IBM ROM BIOS
Microsoft Press, Redmond, Washington 98073-9717
Copyright © 1988 by Ray Duncan
Übersetzung aus dem Amerikanischen:
Peter Riswick, Karlsruhe

Das in diesem Buch enthaltene Programm-Material ist mit keiner Ver-
pflichtung oder Garantie irgendeiner Art verbunden. Der Autor, der
Übersetzer und der Verlag übernehmen infolgedessen keine Verantwortung
und werden keine daraus folgende oder sonstige Haftung übernehmen,
die auf irgendeine Art aus der Benutzung dieses Programm-Materials
oder Teilen davon entsteht.

Der Verlag Vieweg ist ein Unternehmen der Verlagsgruppe Bertelsmann.

ISBN 978-3-322-99742-5

Bemerkungen für den Leser

Im Abschnitt über den Bildschirmtreiber (Int 10H) werden die folgenden Abkürzungen benutzt:

[MDA]   Monochromadapter (Monochrome Display Adapter)
[CGA]   Farbgrafikadapter (Color/Graphics Adapter)
[EGA]   HR-Farbgrafikadapter (Enhanced Graphics Adapter)
[MCGA]   Multi-Color Graphics Array (PS/2 Modelle 25 und 30)
[VGA]   Video-Graphics Array (PS/2 ab Modell 50)

In den übrigen Abschnitten werden folgende Abkürzungen benutzt:

[PC]   Original IBM PC und PC/XT
[AT]   PC/AT und PC/XT-286, wenn nicht anders angegeben
[PS/2]   Alle PS/2 Modelle (einschließlich der Modelle 25 und 30), wenn nicht anders angegeben

ROM-BIOS Aufrufe, die nur beim PC Convertible existieren, sind nicht aufgeführt.

Einige Funktionen gibt es nur bei sehr späten ROM-BIOS Versionen bestimmter Maschinen (z.B. Int 1AH Funktion 00H und 01H beim PC/XT). Im Allgemeinen sind diese Funktionen nicht mit der Abkürzung der Maschine gekennzeichnet, da ein Programm nicht sicher davon ausgehen kann, daß die Funktion auf allen Rechnern mit der gleichen Identifikation existiert.

Inhalt

Int 10H Funktion 00H
Bildschirmmodus festlegen

[MDA] [CGA] [EGA]
[MCGA] [VGA]

Wählt den aktuellen Bildschirmmodus aus. Ist mehr als ein Bildschirmadapter vorhanden, wird auch dieser festgelegt.

Aufruf mit:

AH = 00H
AL = Bildschirmmodus

Rückgabewerte:

Keine

Bemerkungen:

- Auf den verschiedenen Rechnern und Bildschirmadaptern sind folgende Modi möglich:

Modus	Auflösung	Farben	Text/Grafik	MDA	CGA	EGA	MCGA	VGA
00H	40/25,sw	16	Text		●	●	●	●
01H	40/25	16	Text		●	●	●	●
02H	80/25,sw	16	Text		●	●	●	●
03H	80/25	16	Text		●	●	●	●
04H	320/200	4	Grafik		●	●	●	●
05H	320/200 sw	4	Grafik		●	●	●	●
06H	640/200	2	Grafik		●	●	●	●
07H	80/25	2*	Text	●		●		●
0BH	Reserviert							
0CH	Reserviert							
0DH	320/200	16	Grafik			●		●
0EH	640/200	16	Grafik			●		●
0FH	640/350	2	Grafik			●		●
10H	640/350	4	Grafik			●		●
10H	640/350	16	Grafik			●		●
11H	640/480	2*	Grafik				●	●
12H	640/480	16	Grafik					●
13H	320/200	256	Grafik				●	●

*Nur mit Monochrom-Monitor

- Die Farbunterdrückung in den Modi 00, 02 und 05 macht sich nur bei Benutzung des Mischsignalausgangs bemerkbar. Auf einem RGB-Monitor gibt es keinen funktionalen Unterschied zwischen Modus 00H und 01H oder Modus 04H und 05H. Der CGA unterstützt im Modus 04H zwei und im Modus 05H eine Farbpalette.

- Wird bei den Rechnern PC/AT und PS/2 das Bit 7 in AL gesetzt, wird der Bildschirmpuffer bei Auswahl eines Modus nicht gelöscht. Beim PC oder PC/XT gilt dies nur, wenn eine EGA-Karte (mit ihrem eigenen ROM-BIOS) installiert ist.

Int 10H Funktion 01H   [MDA] [CGA] [EGA]
Cursortyp festlegen   [MCGA] [VGA]

Legt die Anfangs- und Endrasterzeile des blinkenden Cursors fest. Er wird hardwaremäßig im Textmodus erzeugt.

Aufruf mit:

AH	= 01H
CH	= Startzeile (nur Bits 0-4)
CL	= Endzeile (nur Bits 0-4)

Rückgabewerte:

Keine

Bemerkungen:

- In den Textmodi wird das Blinken des Cursors durch die Hardware verursacht und kann darum nicht abgestellt werden. In den Grafikmodi gibt es keinen Cursor.

- Die folgenden Werte werden als Standard durch ROM-BIOS gesetzt:

Modus	Startwert	Endwert
Monochrom 07H	11	12
Text 00H-03H	6	7

- Bei den Textmodi 00H-03H des EGA, MCGA und VGA akzeptiert das ROM-BIOS Start- und Endwerte so, als hätte ein Zeichenfeld die Größe 8-mal-8. Die Werte werden auf die wirkliche Größe eines Zeichenfeldes umgerechnet. Man nennt dieses Vorgehen Cursor-Emulation.

- Der Cursor kann auf verschiedene Arten ausgeschaltet werden. Bei einem MDA, CGA oder VGA genügt es, dem Register CH den Wert 20H zu geben. Die Methode, nicht erlaubte Start- und Endwerte zu setzen, hat sich als unzuverlässig erwiesen. Alternativ kann der Cursor auf eine nicht darstellbare Adresse gesetzt werden, z.B. (x,y)=(0,25).

Int 10H Funktion 02H   [MDA] [CGA] [EGA]
Cursorposition setzen   [MCGA] [VGA]

Setzt die Position des Cursors auf dem Bildschirm mit Hilfe von Textkoordinaten.

Aufruf mit:

    AH   = 02H
    BH   = Seite
    DH   = Zeile   (y-Koordinate)
    DL   = Spalte   (x-Koordinate)

Rückgabewerte:

    Keine

Bemerkungen:

- Für jede Seite wird eine eigene Cursorposition gespeichert, und jede Positionen kann mit Hilfe dieser Funktion, unabhänglg von der gerade aktiven Seite, gesetzt werden. Die Anzahl der zur Verfügung stehenden Bildschirmseiten hängt vom Bildschirmadapter und vom verwendeten Modus ab (s. Int 10H Funktion 05H).

- Die Textkoordinate (x,y)=(0,0) befindet sich in der linken oberen Ecke des Bildschirms.

- Der maximale Wert für die Textkoordinaten hängt wie folgt vom Bildschirmadapter und vom verwendeten Modus ab:

Modus	Maximum x	Maximum y
00H	39	24
01H	39	24
02H	79	24
03H	79	24
04H	39	24
05H	39	24
06H	79	24
07H	79	24
08H	19	24
09H	39	24
0AH	79	24
0BH	Reserviert	
0CH	Reserviert	
0DH	39	24
0EH	79	24
0FH	79	24
10H	79	24
11H	79	29
12H	79	29
13H	39	24

Int 10H Funktion 03H
Cursorposition abfragen

[MDA] [CGA] [EGA]
[MCGA] [VGA]

Gibt die aktuelle Position des Cursor auf dem Bildschirm in Textkoordinaten zurück.

Aufruf mit:

AH	= 03H
BH	= Seite

Rückgabewerte:

CH	= Startzeile des Cursor
CL	= Endzeile des Cursor
DH	= Zeile (y-Koordinate)
DL	= Spalte (x-Koordinate)

- Für jede Bildschirmseite wird eine eigene Cursorposition ge-speichert, die mit dieser Funktion, unabhängig von der gerade aktiven Seite, abgefragt werden kann. Die Anzahl der zur Ver-fügung stehenden Bildschirmseiten hängt vom Bildschirmadapter und vom verwendeten Modus ab (s. Int 10H Funktion 05H).

Int 10H Funktion 04H   [CGA] [EGA]
Lichtgriffelposition abfragen

Ergibt den Status und die aktuelle Position des Lichtgriffels.

Aufruf mit:

AH   = 04H

Rückgabewerte:

AH	= 00H Lichtgriffel nicht ausgelöst 01H Lichtgriffel ausgelöst
BX	= Spaltennummer des Pixels (x-Grafikkoordinate)
CH	= Zeilennummer des Pixels (y-Grafikkoordinate), Modi 04H-06H)
CX	= Zeilennummer des Pixels (y-Grafikkoordinate, Modi 0DH-10H)
DH	= Spaltennummer (Textkoordinate)
DL	= Zeilennummer (Textkoordinate)

Bemerkungen:

- Der Wertebereich der Text- und Grafikkoordinaten, die diese Funktion liefert, hängt vom eingestellten Bildschirmmodus ab.

- Beim CGA sind die zurückgegebenen Grafikkoordinaten nicht durchgehend. Die y-Koordinate ist immer ein Vielfaches von zwei, die x-Koordinate entweder ein Vielfaches von vier (für 320-mal-200 Grafikmodi) oder ein Vielfaches von acht (bei 640-mal-200 Grafikmodi).

- Die richtige Wahl der Vorder- und Hintergrundfarben ist wichtig, um eine maximale Empfindlichkeit des Lichtgriffels auf dem ganzen Bildschirm zu gewährleisten.

Int 10H Funktion 05H   [CGA] [EGA]
Aktive Anzeigeseite festlegen   [MCGA] [VGA]

Bestimmt die aktive Anzeigeseite.

Aufruf mit:

AH   = 05H
AL   = Seite

    0-7   *für Modi 00H und 01H (CGA, EGA, MCGA, VGA)*
    0-3   *für Modi 02H und 03H (CGA)*
    0-7   *für Modi 02H und 03H (EGA, MCGA, VGA)*
    0-7   *für Modus 07H (EGA, VGA)*
    0-7   *für Modus 0DH (EGA, VGA)*
    0-3   *für Modus 0EH (EGA, VGA)*
    0-1   *für Modus 0FH (EGA, VGA)*
    0-1   *für Modus 10H (EGA, VGA)*

Rückgabewerte:

Keine

Bemerkungen:

- Kombinationen von Bildschirmadaptern und -modi, die nicht oben aufgeführt sind, stellen nur eine Seite zur Verfügung (z.B. Monochromadapter in Modus 7).

- Das Umschalten zwischen den Seiten beeinflußt nicht deren Inhalt. Außerdem kann mit den Int 10H Funktionen 02H, 09H und 0AH, unabhängig von der gerade dargestellten Seite, auf jede Bildschirmseite geschrieben werden.

Int 10H Funktion 06H   [MDA] [CGA] [EGA]
Fenster initialisieren oder   [MCGA] [VGA]
nach oben rollen

Initialisiert ein angegebenes Fenster auf dem Bildschirm mit Leerzeichen und einem gegebenen Attribut, oder rollt den Inhalt eines Fensters um eine bestimmte Anzahl Zeilen nach oben.

AH	= 06H
AL	= Anzahl Zeilen, die zu rollen sind (bei 0 wird das Fenster mit Leerzeichen gefüllt)
BH	= Attribut, das beim Initialisieren verwendet wird
CH	= y-Koordinate der linken oberen Ecke des Fensters
CL	= x-Koordinate der linken oberen Ecke des Fensters
DH	= y-Koordinate der rechten unteren Ecke des Fensters
DL	= x-Koordinate der rechten unteren Ecke des Fensters

Rückgabewerte:

Keine

Bemerkungen:

- In Bildschirmmodi, die nur eine Seite unterstützen, verändert diese Funktion nur die dargestellte Seite.

- Enthält AL einen Wert ungleich Null, wird der angegebene Bereich um die geforderte Anzahl von Zeilen hochgerollt. Text, der oben aus dem Bereich gerollt wird, ist verloren. Die unten im Fenster erscheinenden Zeilen sind mit Leerzeichen gefüllt und haben das in Register BH angegebene Attribut.

- Benutzen Sie die Int 10H Funktion 07H, um den Inhalt eines Fensters nach unten zu rollen.

Int 10H Funktion 07H   [MDA] [CGA] [EGA]
Fenster initialisieren   [MCGA] [VGA]
oder nach unten rollen

Initialisiert ein angegebenes Fenster auf dem Bildschirm mit Leerzeichen und einem gegebenen Attribut, oder rollt den Inhalt eines Fensters um eine bestimmte Anzahl Zeilen nach unten.

Aufruf mit:

AH	= 07H
AL	= Anzahl Zeilen, die zu rollen sind (bei 0 wird das Fenster mit Leerzeichen gefüllt)
BH	= Attribut, das beim Initialisieren verwendet wird
CH	= y-Koordinate der linken oberen Ecke des Fensters
CL	= x-Koordinate der linken oberen Ecke des Fensters
DH	= y-Koordinate der rechten unteren Ecke des Fensters
DL	= x-Koordinate der rechten unteren Ecke des Fensters

Rückgabewerte:

Keine

Bemerkungen:

- In Bildschirmmodi, die nur eine Seite unterstützen, verändert diese Funktion nur die dargestellte Seite.

- Enthält AL einen Wert ungleich Null, wird der angegebene Bereich um die geforderte Anzahl von Zeilen nach unten gerollt. Text, der unten aus dem Bereich gerollt wird, ist verloren. Die oben im Fenster erscheinenden Zeilen sind mit Leerzeichen gefüllt und haben das im Register BH angegebene Attribut.

- Benutzen Sie die Int 10H Funktion 06H, um den Inhalt eines Fensters nach oben zu rollen.

Int 10 Funktion 08H   [MDA] [CGA] [EGA]
Zeichen und Attribut an   [MCGA] [VGA]
der Cursorposition lesen

Gibt das Zeichen, das an der aktuellen Cursorposition gespeichert ist, mit dem zugehörigen Attribut zurück.

Aufruf mit:

AH	= 08H
BH	= Seite

Rückgabewerte:

AH	= Attribut
AL	= Zeichen

Bemerkungen:

- In Bildschirmmodi, die mehrere Seiten unterstützen, kann das Zeichen mit seinem Attribut, unabhängig von der gerade darge- stellten Seite, von jeder Bildschirmseite gelesen werden.

Int 10H Funktion 09H   [MDA] [CGA] [EGA]
Zeichen und Attribut an   [MCGA] [VGA]
der Cursorposition schreiben

Schreibt ein Zeichen mit Attribut an der aktuellen Cursorposition auf den Bildschirm.

Aufruf mit:

```
AH        = 09H
AL        = Zeichen
BH        = Seite
BL        = Attribut (Textmodus) oder Farbe (Grafikmodus)
CX        = Anzahl der Zeichen (Wiederholungsfaktor)
```

Rückgabewerte:

Keine

Bemerkungen:

- Im Grafikmodus ergibt der Wiederholungsfaktor in CX nur für die aktuelle Zeile ein gültiges Ergebnis. Werden mehr Zeichen geschrieben, als Spalten in der Zeile übrig sind, ist das Resultat nicht vorhersehbar.

- Alle Werte von AL ergeben auch eine Ausgabe. Kontroll- zeichen, einschließlich Signalton, Backspace, Wagenrücklauf und Zeilenvorschub, werden nicht speziell behandelt und beein- flußen die Cursorposition nicht.

- Wenn ein Zeichen geschrieben wurde, muß der Cursor mit der Int 10H Funktion 02H in die nächste Position gebracht werden.

- Zum Schreiben eines Zeichens, ohne das Attribut an der aktuel- len Cursorposition zu ändern, kann die Int 10H Funktion 0AH benutzt werden.

- Wird diese Funktion zum Schreiben im Grafikmodus benutzt, und ist das Bit 7 in BL gesetzt (1), werden die Zeichen mittels einer Exklusiv-Oder-Operation (XOR) mit dem aktuellen Bildschirminhalt verknüpft. Diese Besonderheit kann dazu genutzt werden, Zeichen zu schreiben und sie anschließend wieder zu löschen.

- In den Grafikmodi 04H-06H des CGA werden die Bitmuster für die Zeichencodes 80H-FFH aus einer Tabelle entnommen, deren Adresse im Vektor Int 1FH gespeichert ist. Andere Zeichensätze können installiert werden, indem man sie in den Speicher lädt und den Vektor ändert.

- Beim der EGA, MCGA, und VGA wird im Grafikmodus der Vektor für die Zeichendefinitionstabelle im Vektor Int 43 gespeichert (s. Int 10H Funktion 11H).

Int 10H Funktion 0AH Zeichen an der Cursorposition schreiben

[MDA] [CGA] [EGA]
[MCGA] [VGA]

Schreibt ein Zeichen an der aktuellen Cursorposition auf den Bildschirm. Das Zeichen übernimmt das Attribut des Zeichens, das vorher an dieser Position gestanden hat.

Aufruf mit:

AH	= 0AH
AL	= Zeichen
BH	= Seite
BL	= Farbe (Grafikmodi, nur PCjr)
CX	= Anzahl der Zeichen (Wiederholungsfaktor)

Rückgabewerte:

Keine

Bemerkungen:

- Im Grafikmodus ergibt der Wiederholungsfaktor in CX nur für die aktuelle Zeile ein gültiges Ergebnis. Werden mehr Zeichen geschrieben, als Spalten in der Zeile übrig sind, ist das Resultat nicht vorhersehbar.

- Alle Werte von AL ergeben auch eine Ausgabe. Kontroll-
  zeichen, einschließlich Signalton, Backspace, Wagenrücklauf
  und Zeilenvorschub, werden nicht speziell behandelt und beeinflussen die Cursorposition nicht.

- Wenn ein Zeichen geschrieben wurde, muß der Cursor mit der
  Int 10H Funktion 02H in die nächste Position gebracht werden.

- Zum Schreiben eines Zeichens mit Attribut kann Int 10H Funktion 09H benutzt werden.

- Wird diese Funktion zum Schreiben im Grafikmodus benutzt,
  und ist das Bit 7 in BL gesetzt (1), werden die Zeichen mittels
  einer Exklusiv-Oder-Operation (XOR) mit dem aktuellen Bildschirminhalt verknüpft. Diese Besonderheit kann dazu genutzt
  werden, Zeichen zu schreiben und sie anschließend wieder zu
  löschen.

- In den Grafikmodi 04H-06H des CGA werden die Bitmuster für
  die Zeichencodes 80H-FFH aus einer Tabelle entnommen, deren
  Adresse im Vektor Int 1FH gespeichert ist. Andere Zeichensätze
  können installiert werden, indem man sie in den Speicher lädt
  und den Vektor ändert.

- Beim EGA, MCGA, und VGA wird im Grafikmodus der Vektor
  für die Zeichendefinitionstabelle im Vektor Int 43 gespeichert (s.
  Int 10H Funktion 11H).

Int 10H Funktion 0BH   [CGA] [EGA] [MCGA]
Farbpalette, Hintergrund- und   [VGA]
Vordergrundfarbe festlegen

Legt die Farbpalette, die Hintergrund- und Vordergrundfarbe fest.

Aufruf mit:

*Um die Hintergrund- und Rahmenfarbe im Grafikmodus oder
die Rahmenfarbe im Textmodus zu setzen:*

```
AH      = 0BH
BH      = 00H
BL      = Farbe
```

*Um die Farbpalette zu setzen (320-mal-200 4-Farben Grafik-
modi):*

AH	= 0BH
BH	= 01H
BL	= Palettennummer (s. Bemerkungen)

Rückgabewerte:

Keine

Bemerkungen:

- Im Textmodus wird mit dieser Funktion nur die Rahmenfarbe
  ausgewählt. Die Hintergrundfarbe eines Zeichens wird durch die
  oberen vier Bits des Attributbytes festgelegt.

- Beim CGA und EGA sind diese Funktion nur für 320-mal-200 4-
  Farben Grafikmodi gültig.

- Im 320-mal-200 4-Farben Grafikmodus können die folgenden
  Paletten ausgewählt werden, wenn Register BH=01H:

Palette	*Pixelwert*	*Farbe*
0	0	Hintergrundfarbe
	1	Grün
	2	Rot
	3	Braun oder Gelb
1	0	Hintergrundfarbe
	1	Türkis
	2	Magenta
	3	Weiß

- Im 640-mal-200 2 Farben Grafikmodus beim CGA bestimmt die
  mit dieser Funktion gewählte Hintergrundfarbe die Darstellung
  aller gesetzten Pixel. Pixel mit dem Wert Null werden schwarz
  dargestellt.

- Lesen Sie hierzu auch Int 10H Funktion 10H, die zur Einstel-
  lung der Farbpalette beim EGA, MCGA und VGA benutzt wird.

Int 10H Funktion 0CH   [CGA] [EGA]
Grafikpixel setzen   [MCGA] [VGA]

Setzt an den angegebenen Koordinaten einen Punkt auf den Bildschirm.

<u>**Aufruf mit:**</u>

    AH   = 0CH
    AL   = Pixelwert
    BH   = Seite
    CX   = Spalte   (x-Grafikkoordinate)
    DX   = Zeile   (y-Grafikkoordinate)

<u>**Rückgabewerte:**</u>

    Keine

<u>**Bemerkungen:**</u>

- Die gültigen Wertebereiche für den Pixelwert und die Koordinaten hängen vom gewählten Bildschirmmodus ab.

- Ist Bit 7 in AL gesetzt, werden neue Pixelwerte mittels einer Exklusiv-Oder-Operation mit dem aktuellen Bildschirminhalt verknüpft.

- Bei Bildschirmmodi, die nur eine Bildschirmseite unterstützen, wird Register BH ignoriert.

Int 10H Funktion 0DH   [MDA] [CGA] [EGA]
Grafikpixel abfragen   [MCGA] [VGA]

Liefert den Wert des Pixel an den angegebenen Koordinaten auf dem Bildschirm.

<u>**Aufruf mit:**</u>

    AH   = 0DH
    BH   = Seite
    CX   = Spalte   (x-Grafikkoordinate)
    DX   = Zeile   (y-Grafikkoordinate)

<u>**Rückgabewerte:**</u>

    AL   = Pixelwert

<u>**Bemerkungen:**</u>

- Die gültigen Wertebereiche für den Pixelwert und die Koordinaten hängen vom gewählten Bildschirmmodus ab.

- Bei Bildschirmmodi, die nur eine Bildschirmseite unterstützen, wird Register BH ignoriert.

Int 10H Funktion 0EH
Zeichen im TTY-Modus schreiben
[MDA] [CGA] [EGA]
[MCGA] [VGA]

Schreibt ein ASCII-Zeichen an der aktuellen Cursorposition auf den Bildschirm und verschiebt die Position entsprechend. Im Grafikmodus wird die angegebene Farbe benutzt.

Aufruf mit:

AH	= 0EH
AL	= Zeichen
BH	= Seite
BL	= Vordergrundfarbe (Grafikmodi)

Rückgabewerte:

Keine

Bemerkungen:

- Die speziellen ASCII Zeichen Signalton (07H), Backspace (08H), Wagenrücklauf (0DH) und Zeilenvorschub (0AH) werden erkannt und die entsprechende Aktion durchgeführt. Alle anderen Zeichen werden auf den Bildschirm geschrieben (auch Steuerzeichen), und der Cursor wird in die neue Position gebracht.

- In Bildschirmmodi, die mehrere Bildschirmseiten unterstützen, können Zeichen, unabhängig von der gerade angezeigten Seite, in jede Bildschirmseite geschrieben werden.

- Der Zeilenumbruch und das Bildschirmrollen werden unterstützt. Befindet sich der Cursor am Ende einer Zeile, wird er zum Beginn der nächsten Zeile bewegt. Hat der Cursor das Ende der letzten Zeile auf dem Bildschirm erreicht, wird der Bildschirm um eine Zeile nach oben gerollt und der Cursor an den Anfang der neuen Zeile positioniert. Die gesamte neue Zeile bekommt das Attribut des letzten Zeichens der vorhergehenden Zeile.

- Der Standardkonsolentreiber (CON) benutzt diese Funktion, um Text auf den Bildschirm zu schreiben. Man kann diese Funktion nicht benutzen, um das Attribut eines Zeichens anzugeben. Eine Methode, ein Zeichen mit Attribut zu schreiben, ist die, zuerst

ein Leerzeichen (20H) mit Attribut an der aktuellen Cursorposition mit Int 10H Funktion 09H, dann das eigentliche
Zeichen mit Int 10H Funktion 0EH zu schreiben. Diese etwas
umständliche Technik befreit das Programm davon, den Zeilenumbruch und das Rollen explizit zu behandeln.

- Lesen Sie dazu auch Int 10H Funktion 13H.

Int 10H Funktion 0FH   [MDA] [CGA] [EGA]
Bildschirmmodus feststellen   [MCGA] [VGA]

Liefert den aktuellen Bildschirmmodus des aktiven Bildschirmadapters.

Aufruf mit:

    AH   = 0FH

Rückgabewerte:

    AH   = Anzahl der Spalten auf dem Bildschirm
    AL   = Bildschirmmodus (s. Int 10H Funktion 00H)
    BH   = Aktive Bildschirmseite

Bemerkungen:

- Man kann mit dieser Funktion die Breite des Bildschirms er-
  fahren, bevor man ihn mit der Int 10H Funktion 06H oder 07H
  löscht.

Int 10H Funktion 10H   [EGA] [MCGA] [VGA]
Unterfunktion 00H
Farbpalettenregister setzen

Setzt ein Farbpalettenregister auf eine darstellbare Farbe.

Aufruf mit:

    Für EGA oder VGA:
    AH   = 10H
    AL   = 00H
    BH   = Farbwert
    BL   = Farbpalettenregister (00-0FH)

Für MCGA:

AH	= 10H
AL	= 00H
BX	= 0712H

Rückgabewerte:

Keine

Bemerkungen:

- Beim MCGA kann die Funktion nur mit BX=0712H aufgerufen werden. Die Farbregister werden mit acht festgelegten Farben gefüllt.

Int 10H Funktion 10H [EGA] [VGA]
Unterfunktion 01H
Rahmenfarbe setzen

Legt die Farbe für den Bildschirmrahmen fest (Overscan).

Aufruf mit:

AH	= 10H
AL	= 01H
BH	= Farbwert

Rückgabewerte:

Keine

Int 10H Funktion 10H [EGA] [VGA]
Unterfunktion 02H
Farbpalette und Rahmenfarbe setzen

Setzt alle Farbpalettenregister und die Rahmenfarbe (Overscan) in einem Funktionsaufruf.

Aufruf mit:

AH	= 10H
AL	= 02H
ES:DX	= Segment:Relativadresse einer Farbenliste

<u>**Rückgabewerte:**</u>

Keine

<u>**Bemerkungen:**</u>

- Die Farbenliste ist 17 Bytes lang. Die ersten 16 Bytes sind die Farbwerte, die in die Farbpalettenregister 0-15 geladen werden. Das letzte Byte gibt den Wert für das Rahmenfarbenregister an.

- In 16-Farben Grafikmodi wird als Standard die folgende Farbenpalette aufgestellt:

Pixelwert	*Farbe*
01H	Blau
02H	Grün
03H	Türkis
04H	Rot
05H	Magenta
06H	Braun
07H	Weiß
08H	Grau
09H	Hellblau
0AH	Hellgrün
0BH	Helltürkis
0CH	Hellrot
0DH	Hellmagenta
0EH	Gelb
0FH	Intensivweiß

Int 10H Funktion 10H   [EGA] [MCGA] [VGA]
Unterfunktion 03H
Blink-/Intensitätsbit umschalten

Legt fest, ob das höherwertigste Bit des Zeichenattributes Blinken oder hohe Intensität bestimmt.

<u>**Aufruf mit:**</u>

```
AH      = 10H
AL      = 03H
BL      = Blinken / Hohe Intensität
```
0 = Hohe Intensität einschalten
1 = Blinken einschalten

<u>**Rückgabewerte:**</u>

Keine

Int 10H Funktion 10H   [VGA]
Unterfunktion 07H
Farbpalettenregister abfragen

Liefert den Farbwert, der in dem angegebenen Farbpalettenregister steht.

<u>**Aufruf mit:**</u>

AH	= 10H
AL	= 07H
BL	= Farbpalettenregister

<u>**Rückgabewerte:**</u>

BH	= Farbe

Int 10H Funktion 10H   [VGA]
Unterfunktion 08H
Rahmenfarbe feststellen

Liefert die aktuelle Rahmenfarbe (Overscan).

<u>**Aufruf mit:**</u>

AH	= 10H
AL	= 08H

<u>**Rückgabewerte:**</u>

BH	= Farbe

Int 10H Funktion 10H   [VGA]
Unterfunktion 09H
Farbpalettenwerte und Rahmenfarbe feststellen

Liest die Inhalte aller Farbpalletteregister und der Rahmenfarbe (Overscan) in einem Funktionsaufruf.

```
AH        = 10H
AL        = 09H
ES:DX     = Segment:Relativadresse eines 17 Byte Puffers
```

Rückgabewerte:

```
ES:DX     = Segment:Relativadresse des Puffers
```

Der Puffer enthält die Werte der Farbpalettenregister in den Bytes 00H-0FH und die Rahmenfarbe in Byte 10H.

Int 10H Funktion 10H   [MCGA] [VGA]
Unterfunktion 10H
Farbregister setzen

Belegt ein einzelnes Farbregister mit einem Rot-Grün-Blau Wert (RGB).

Aufruf mit:

```
AH        = 10H
AL        = 10H
BX        = Farbregister
CH        = Wert für den Grünanteil
CL        = Wert für den Blauanteil
DH        = Wert für den Rotanteil
```

Rückgabewerte:

Keine

Bemerkungen:

- Ist die Graustufenberechnung eingeschaltet, wird der gewichtete Grauwert, wie bei der Int 10H Funktion 10H Unterfunktion 1BH beschrieben, berechnet und in den drei Komponenten des Farbregisters gespeichert. Lesen Sie hierzu auch Int 10H Funktion 12H Unterfunktion 33H.

Int 10H Funktion 10H   [MCGA] [VGA]
Unterfunktion 12H
Mehrere Farbregister setzen

Belegt eine Gruppe von aufeinanderfolgenden Farbregistern mit
einem Funktionsaufruf.

Aufruf mit:

```
AH        = 10H
AL        = 12H
BX        = Erstes Farbregister
CX        = Farbregisteranzahl
ES:DX     = Segment:Relativadresse einer Farbtabelle
```

Rückgabewerte:

Keine

Bemerkungen:

-   Die Farbtabelle besteht aus einer Reihe von 3-Byte Einträgen,
    für jedes zu setzende Farbregister einer. Die Bytes jedes Ein-
    trags geben die Werte für den Rot-, Grün- und Blauanteil des
    zugehörigen Farbregisters an.

-   Ist die Graustufenberechnung eingeschaltet, wird der gewichtete
    Grauwert für die einzelnen Register, wie bei der Int 10H Funk-
    tion 10H Unterfunktion 1BH beschrieben, berechnet und in den
    drei Komponenten des Farbregisters gespeichert. Lesen Sie
    hierzu auch Int 10H Funktion 12H Unterfunktion 33H.

Int 10H Funktion 10H   [VGA]
Unterfunktion 13H
Farbseiteneinteilung festlegen

Legt den Seitenmodus für die Farbregister fest oder wählt eine Seite
aus.

Aufruf mit:

Zur Auswahl des Seitenmodus:
```
AH        = 10H
AL        = 13H
```

BH   = Seitenmodus
            00H für 4 Seiten mit 64 Registern
            01H für 16 Seiten mit 16 Registern
BL   = 00H

Zur Auswahl einer Seite:
AH   = 10H
AL   = 13H
BH   = Seite
BL   = 01H

Rückgabewerte:

Keine

Bemerkungen:

- Dieser Funktionsaufruf ist in Modus 13H (320-mal-200 256 Farben Grafik) nicht erlaubt.

Int 10H Funktion 10H   [MCGA] [VGA]
Unterfunktion 15H
Farbregister lesen

Ergibt die Werte für die Rot-, Grün- und Blaukomponenten eines Farbregisters.

Aufruf mit:

AH   = 10H
AL   = 15H
BX   = Farbregister

Rückgabewerte:

CH   = Wert für den Grünanteil
CL   = Wert für den Blauanteil
DH   = Wert für den Rotanteil

Int 10H Funktion 10H [MCGA] [VGA]
Unterfunktion 17H
Mehrere Farbregister lesen

Liest die Rot-, Grün-, und Blauanteile für mehrere Farbregister in einem Funktionsaufruf.

Aufruf mit:

AH	= 10H
AL	= 17H
BX	= Erstes Farbregister
CX	= Farbregisteranzahl
ES:DX	= Segment:Relativadresse des Puffers für die Farbtabelle

Rückgabewerte:

ES:DX = Segment:Relativadresse des Puffers

Der Puffer enthält die Farbtabelle

Bemerkungen:

- Die zurückgegebene Farbtabelle im Puffer besteht aus einer Reihe 3-Byte Einträgen entsprechend den Farbregistern. Jeder Eintrag enthält die Werte eines Registers für den Rot-, Grün- und Blauanteil (in dieser Reihenfolge).

Int 10H Funktion 10H [MCGA] [VGA]
Unterfunktion 1BH
Grauwerte setzen

Wandelt die Werte für den Rot-, Grün- und Blauanteil mehrerer Farbregister in entsprechende Grauwerte um.

Aufruf mit:

AH	= 10H
AL	= 1BH
BX	= Erstes Farbregister
CX	= Anzahl Farbregister

<u>**Rückgabewerte:**</u>

Keine

<u>**Bemerkungen:**</u>

- Für jedes Farbregister wird die gewichtete Summe der Rot-, Grün- und Blauanteile gebildet (30% Rot + 59% Grün + 11% Blau) und in alle drei Komponenten des Farbregisters zurückgeschrieben. Die alten Werte gehen dabei verloren.

Int 10H Funktion 11H [EGA] [MCGA] [VGA]
Unterfunktionen 00H und 10H
Benutzerzeichensatz laden und Controller
neu programmieren

Lädt eine vom Benutzer definierte Zeichensatztabelle in den angegebenen Speicherbereich des Zeichengenerators.

<u>**Aufruf mit:**</u>

AH	= 11H
AL	= 00H oder 10H (s. Bemerkungen)
BH	= Punkte (Bytes pro Zeichen)
BL	= Bereich
CX	= Anzahl in der Tabelle definierter Zeichen
DX	= Zeichencode des ersten Zeichens der Tabelle
ES:BP	= Segment:Relativadresse der Zeichensatztabelle

<u>**Rückgabewerte:**</u>

Keine

<u>**Bemerkungen:**</u>

- Diese Funktion unterstützt die Auswahl eines Zeichensatzes in den Textmodi. Für die Auswahl eines Zeichensatzes in Grafikmodi lesen Sie die Beschreibung von Int 10H Funktion 11H Unterfunktionen 20H-24H.

- Hat AL den Wert 10H, muß Seite 0 aktiv sein. Der Wert für
  Punkte (Bytes pro Zeichen) und die Länge des Bildschirmpuffers
  werden neu berechnet. Der Controller wird mit der maximalen
  Rasterzeile (Punkte-1), der Startzeile des Cursors (Punkte-2),
  der Endzeile des Cursors (Punkte-1), vertikales Bildschirmende
  ((Zeilen * Punkte)-1) und der Position des Unterstreichungsstriches (Punkte-1, nur Modus 7) neu programmiert.

  Wird die Unterfunktion 10H nicht direkt nach dem Setzen des
  Modus aufgerufen, ist das Resultat nicht vorhersehbar.

- Beim MCGA sollte einem Unterfunktionsaufruf 00H ein Unterfunktionsaufruf 03H folgen, sodaß ROM-BIOS den Zeichensatz
  in die internen Speicherbereiche des Zeichensatzgenerators lädt.

- Die Unterfunktion 10H ist für den MCGA reserviert. Wird sie
  aufgerufen, wird die Unterfunktion 00H ausgeführt.

Int 10H Funktion 11H   [EGA] [VGA]
Unterfunktionen 01H und 11H
8-mal-14 ROM-Zeichensatz laden und
Controller neu programmieren

Lädt die Tabelle für den 8-mal-14 Standardzeichensatz aus dem
ROM-BIOS in den angegebenen Speicherbereich des Zeichensatzgenerators.

Aufruf mit:

AH	= 11H
AL	= 01H oder 11H (s. Bemerkungen)
BL	= Bereich

Rückgabewerte:

Keine

Bemerkungen:

- Diese Funktion unterstützt die Auswahl eines Zeichensatzes in
  den Textmodi. Für die Auswahl eines Zeichensatzes in den
  Grafikmodi lesen Sie die Beschreibung von Int 10H Funktion
  11H Unterfunktionen 20H-24H.

- Hat AL den Wert 11H, muß Seite 0 aktiv sein. Der Wert für
  Punkte (Bytes pro Zeichen) und die Länge des Bildschirmpuffers
  werden neu berechnet. Der Controller wird mit der maximalen
  Rasterzeile (Punkte-1), der Startzeile des Cursors (Punkte-2),
  der Endzeile des Cursors (Punkte-1), vertikales Bildschirmende
  ((Zeilen * Punkte)-1) und der Position des Unterstreichungsstriches (Punkte-1, nur Modus 7) neu programmiert.

  Wird die Unterfunktion 11H nicht direkt nach dem Setzen des
  Modus aufgerufen, ist das Resultat nicht vorhersehbar.

- Die Unterfunktionen 01H und 11H sind für den MCGA reserviert. Werden sie aufgerufen, wird die Unterfunktion 04H ausgeführt.

Int 10H Funktion 11H   [EGA] [MCGA] [VGA]
Unterfunktionen 02H und 12H
8-mal-8 ROM-Zeichensatz laden und
Controller neu programmieren

Lädt die Tabelle für den 8-mal-8 Standardzeichensatz aus dem
ROM-BIOS in den angegebenen Speicherbereich des Zeichensatzgenerators.

Aufruf mit:

    AH   = 11H
    AL   = 02H oder 12H (s. Bemerkungen)
    BL   = Bereich

Rückgabewerte:

    Keine

Bemerkungen:

- Diese Funktion unterstützt die Auswahl eines Zeichensatzes in
  den Textmodi. Für die Auswahl eines Zeichensatzes in den
  Grafikmodi lesen Sie Int 10H Funktion 11H Unterfunktionen
  20H-24H.

- Hat AL den Wert 12H, muß Seite 0 aktiv sein. Der Wert für
  Punkte (Bytes pro Zeichen) und Länge des Bildschirmpuffers
  werden neu berechnet. Der Controller wird mit der maximalen
  Rasterzeile (Punkte-1), der Startzeile des Cursors (Punkte-2),
  der Endzeile des Cursors (Punkte-1), vertikales Bildschirmende
  ((Zeilen * Punkte)-1) und der Position des Unterstreichungsstriches (Punkte-1, nur Modus 7) neu programmiert.

  Wird die Unterfunktion 12H nicht direkt nach dem Setzen des
  Modus aufgerufen, ist das Resultat nicht vorhersehbar.

- Beim MCGA sollte einem Unterfunktionsaufruf 02H ein Unterfunktionsaufruf 03H folgen, sodaß ROM-BIOS den Zeichensatz
  in die internen Speicherbereiche des Zeichensatzgenerators lädt.

- Die Unterfunktion 12H ist für den MCGA reserviert. Wird sie
  aufgerufen, wird die Unterfunktion 02H ausgeführt.

Int 10H Funktion 11H   [EGA] [MCGA] [VGA]
Unterfunktion 03H
Zeichensatzbereiche festlegen

Legt die Zeichensatzbereiche fest, die durch Bit 3 des Attributbytes
in den Textmodi ausgewählt werden kann.

Aufruf mit:

    AH   = 11H
    AL   = 03H
    BL   = Zeichensatzbereichscode (s. Bemerkungen)

Rückgabewerte:

    Keine

Bemerkungen:

- Bei der EGA- und MCGA-Karte werden die Bits von BL wie
  folgt interpretiert:

Bits	*Bedeutung*
0-1	Bereich, der ausgewählt wird, wenn Bit 3 = 0
2-3	Bereich, der ausgewählt wird, wenn Bit 3 = 1
4-7	unbenutzt (sollten 0 sein)

- Bei der VGA-Karte werden die Bits von BL wie folgt interpretiert:

Bits   ***Bedeutung***
0,1,4   Bereich, der ausgewählt wird, wenn Bit 3 = 0
2,3,5   Bereich, der ausgewählt wird, wenn Bit 3 = 1
6-7   unbenutzt (sollten 0 sein)

- Bei Benutzung eines 256-Byte Zeichensatzes, sollten die beiden
Felder in BL denselben Bereich angeben. In diesen Fällen
kontrolliert das Bit 3 der Attributbytes die Vordergrund-
intensität. Bei Benutzung von 512-Byte Zeichensätzen geben die
Felder in BL die Bereiche der beiden Zeichensatzhälften an. Das
Bit 3 der Attributbytes wählt dann eine der beiden Hälften des
Zeichensatzes aus.

- Bei Benutzung eines 512-Byte Zeichensatzes sollten, mit einem
Aufruf der Int 10H Funktion 10H Unterfunktion 00H mit
BX=0712H, die Farbebenen mit acht festen Farben belegt wer-
den.

Int 10H Funktion 11H   [MCGA] [VGA]
Unterfunktion 04H und 14H
8-mal-16 ROM-Zeichensatz laden und
Controller neu programmieren

Lädt die Tabelle für den 8-mal-16 Standardzeichensatz aus dem
ROM-BIOS in den angegebenen Speicherbereich des Zeichensatzgenerators.

Aufruf mit:

```
AH      = 11H
AL      = 04H oder 14H (s. Bemerkungen)
BL      = Bereich
```

Rückgabewerte:

Keine

Bemerkungen:

- Diese Funktion unterstützt die Auswahl eines Zeichensatzes in
den Textmodi. Für die Auswahl eines Zeichensatzes in den
Grafikmodi lesen Sie Int 10H Funktion 11H Unterfunktionen
20H-24H.

32

- Hat AL den Wert 14H, muß Seite 0 aktiv sein. Der Wert für Punkte (Bytes pro Zeichen) und die Länge des Bildschirmpuffers werden neu berechnet. Der Controller wird mit der maximalen Rasterzeile (Punkte-1), der Startzeile des Cursors (Punkte-2), der Endzeile des Cursors (Punkte-1), vertikales Bildschirmende ((Zeilen * Punkte)-1) und der Position des Unterstreichungsstriches (Punkte-1, nur Modus 7) neu programmiert.

  Wird die Unterfunktion 14H nicht direkt nach dem Setzen des Modus aufgerufen, ist das Resultat nicht vorhersehbar.

- Beim MCGA sollte einem Unterfunktionsaufruf 04H ein Unterfunktionsaufruf 03H folgen, sodaß ROM-BIOS den Zeichensatz in die internen Speicherbereiche des Zeichensatzgenerators lädt.

- Die Unterfunktion 14H ist für den MCGA reserviert. Wird sie aufgerufen, wird die Unterfunktion 04H ausgeführt.

Int 10H Funktion 11H   [EGA] [MCGA] [VGA]
Unterfunktion 20H
Int 1FH Zeichensatzzeiger setzen

Setzt den Int 1FH Zeiger auf die Zeichensatztabelle des Benutzers. Diese Tabelle wird für die Zeichencodes 80H-FFH in den Grafikmodi 04H-06H benutzt.

Aufruf mit:

    AH   = 11H
    AL   = 20H
    EX:BP   = Segment:Relativadresse der Zeichensatztabelle

Rückgabewerte:

    Keine

Bemerkungen:

- Diese Funktion unterstützt die Auswahl eines Zeichensatzes in den Grafikmodi. Für die Auswahl eines Zeichensatzes in Textmodi lesen Sie die Beschreibung von Int 10H Funktion 11H Unterfunktionen 00H-14H.

- Wird diese Unterfunktion nicht direkt nach dem Setzen des Modus aufgerufen, ist das Resultat nicht vorhersehbar.

Int 10H Funktion 11H [EGA] [MCGA] [VGA]
Unterfunktion 21H
Int 43H für Benutzerzeichensatz setzen

Setzt den Vektor für Int 43H als Zeiger auf die Zeichensatztabelle und aktualisiert den ROM-BIOS Bildschirmdatenbereich. Der Bildschirmcontroller wird nicht neu programmiert.

Aufruf mit:

AH	= 11H
AL	= 21H
BL	= Anzahl Zeilen

00H   vom Benutzer angegeben (s. Register DL)
01H   14 (0EH) Zeilen
02H   25 (19H) Zeilen
03H   43 (2BH) Zeilen

CX	= Punkte (Bytes pro Zeichen)
DL	= Textzeilen auf dem Bildschirm (wenn BL=00H)
ES:BP	= Segment:Relativadresse der Zeichensatztabelle

Rückgabewerte:

Keine

Bemerkungen:

- Diese Funktion unterstützt die Auswahl eines Zeichensatzes in den Grafikmodi. Für die Auswahl eines Zeichensatzes in Textmodi lesen Sie Int 10H Funktion 11H Unterfunktionen 00H-14H.

- Wird diese Unterfunktion nicht direkt nach dem Setzen des Modus aufgerufen, ist das Resultat nicht vorhersehbar.

Int 10H Funktion 11H [EGA] [MCGA] [VGA]
Unterfunktion 22H
Int 43H für 8-mal-14 ROM-Zeichensatz setzen

Setzt den Vektor Int 43H als Zeiger auf den Standard ROM-BIOS 8-mal-14 Zeichensatz und aktualisiert den ROM-BIOS Bildschirmdatenbereich. Der Bildschirmcontroller wird nicht neu programmiert.

Aufruf mit:

AH   = 11H
AL   = 22H
BL   = Anzahl Zeilen

           00H   vom Benutzer angegeben (s. Register DL)
           01H   14 (0EH) Zeilen
           02H   25 (19H) Zeilen
           03H   43 (2BH) Zeilen

DL   = Textzeilen auf dem Bildschirm (wenn BL=00H)

Rückgabewerte:

Keine

Bemerkungen:

- Diese Funktion unterstützt die Auswahl eines Zeichensatzes in den Grafikmodi. Für die Auswahl eines Zeichensatzes in den Textmodi lesen Sie die Beschreibung von Int 10H Funktion 11H Unterfunktionen 00H-14H.

- Wird diese Unterfunktion nicht direkt nach dem Setzen des Modus aufgerufen, ist das Resultat nicht vorhersehbar.

- Wird diese Unterfunktion mit einem MCGA aufgerufen, wird anstelle dieser Funktion die Unterfunktion 24H benutzt.

Int 10H Funktion 11H   [EGA] [MCGA] [VGA]
Unterfunktion 23H
Int 43H für 8-mal-8 ROM-Zeichensatz setzen

Setzt den Vektor Int 43H als Zeiger auf den Standard ROM-BIOS 8-mal-8 Zeichensatz und aktualisiert den ROM-BIOS Bildschirmdatenbereich. Der Bildschirmcontroller wird nicht neu programmiert.

Aufruf mit:

AH   = 11H
AL   = 23H
BL   = Anzahl Zeilen

           00H   vom Benutzer angegeben (s. Register DL)
           01H   14 (0EH) Zeilen
           02H   25 (19H) Zeilen
           03H   43 (2BH) Zeilen

DL   = Textzeilen auf dem Bildschirm (wenn BL=00H)

Rückgabewerte:

Keine

Bemerkungen:

- Diese Funktion unterstützt die Auswahl eines Zeichensatzes in
  den Grafikmodi. Für die Auswahl eines Zeichensatzes in den
  Textmodi lesen Sie Int 10H Funktion 11H Unterfunktionen 00H-
  14H.

- Wird diese Unterfunktion nicht direkt nach dem Setzen des Modus aufgerufen, ist das Resultat nicht vorhersehbar.

Int 10H Funktion 11H   [MCGA] [VGA]
Unterfunktion 24H
Int 43H für 8-mal-16 ROM-Zeichensatz setzen

Setzt den Vektor für Int 43H als Zeiger auf den Standard ROM-
BIOS 8-mal-16 Zeichensatz und bringt den ROM-BIOS Bildschirmdatenbereich auf den aktuellen Stand. Der Bildschirmcontroller
wird nicht neu programmiert.

Aufruf mit:

    AH   = 11H
    AL   = 24H
    BL   = Anzahl Zeilen
                00H   vom Benutzer angegeben (s. Register DL)
                01H   14 (0EH) Zeilen
                02H   25 (19H) Zeilen
                03H   43 (2BH) Zeilen
    DL   = Textzeilen auf dem Bildschirm (wenn BL=00H)

Rückgabewerte:

Keine

Bemerkungen:

- Diese Funktion unterstützt die Auswahl eines Zeichensatzes in
  den Grafikmodi. Für die Auswahl eines Zeichensatzes in den
  Textmodi lesen Sie die Beschreibung von Int 10H Funktion 11H
  Unterfunktionen 00H-14H.

\- Wird diese Unterfunktion nicht direkt nach dem Setzen des Modus aufgerufen, ist das Resultat nicht vorhersehbar.

Int 10H Funktion 11H   [EGA] [MCGA] [VGA]
Unterfunktion 30H
Zeichensatzinformationen lesen

Gibt einen Zeiger auf die Zeichensatztabelle und Werte für Punkte (Bytes pro Zeichen) und Zeilenanzahl zurück.

<u>Aufruf mit:</u>

```
AH      = 11H
AL      = 30H
BH      = Zeichensatzcode
```
00H = Aktueller Inhalt von Int 1FH
01H = Aktueller Inhalt von Int 43H
02H = ROM 8-mal-14 Zeichensatz (nur EGA, VGA)
03H = ROM 8-mal-8 Zeichensatz (Zeichen 00H-7FH)
04H = ROM 8-mal-8 Zeichensatz (Zeichen 80H-FFH)
05H = ROM 9-mal-14 Zeichensatz (nur EGA, VGA)
06H = ROM 8-mal-16 Zeichensatz (nur MCGA, VGA)
07H = ROM 9-mal-16 Zeichensatz (nur VGA)

<u>Rückgabewerte:</u>

```
CX      = Punkte (Bytes pro Zeichen)
DL      = Zeilen (Textzeilen auf dem Bildschirm - 1)
ES:BP   = Segment:Relativadresse der Zeichensatztabelle
```

Int 10H Funktion 12H   [EGA] [VGA]
Unterfunktion 10H
Konfiguration feststellen

Liefert Informationen über die Konfiguration des aktiven Video-Subsystems.

<u>Aufruf mit:</u>

```
AH      = 12H
BL      = 10H
```

Rückgabewerte:

BH	= Bildschirmtyp *0H bei Farbbildschirm* *1H bei Monochrombildschirm*
BL	= Speicher, der auf der EGA-Karte installiert ist *00H bei 64 KB* *01H bei 128 KB* *02H bei 192 KB* *03H bei 256 KB*
CH	= Feature-Bits (s. Bemerkungen)
CL	= DIP-Schalterstellungen (s. Bemerkungen)

Bemerkungen:

- Die Feature-Bits werden aus dem Eingabestatusregister 0 nach einer Ausgabe der angegebenen Featurekontrollregister-Bits gesetzt.

Feature Bit(s)	*Feature Kontroll-Ausgabebit*	*Eingabestatus-Bit*
0	0	5
1	0	6
2	1	5
3	1	6
4-7	unbenutzt	

- Die Bits in CL geben die Stellungen der DIP-Schalter (1 = Aus, 0 = An) wieder, die zur Konfiguration der EGA-Karte dienen.

Bit	*Bedeutung*
0	Schalter 1
1	Schalter 2
3	Schalter 3
4-7	unbenutzt

Int 10H Funktion 12H   [EGA] [VGA]
Unterfunktion 20H
Alternative PrintScreen-Routine festlegen

Wählt eine alternative PrintScreen-Routine für den EGA und den VGA aus, die mehr als 25 Bildschirmzeilen korrekt verarbeitet. Die ROM-BIOS Standardroutine druckt immer 25 Zeilen.

Aufruf mit:

    AH   = 12H
    BL   = 20H

Rückgabewerte:

    Keine

Int 10H Funktion 12H   [VGA]
Unterfunktion 30H
Rasterzeilen setzen

Legt die Anzahl der Rasterzeilen für Textmodi fest. Der gewählte
Wert wird aktiv, wenn die Int 10H Funktion 00H aufgerufen wird,
um den Bildschirmmodus festzulegen.

Aufruf mit:

    AH   = 12H
    AL   = Rasterzeilencode
               00H = 200 Rasterzeilen
               01H = 350 Rasterzeilen
               02H = 400 Rasterzeilen
    BL   = 30H

Rückgabewerte:

Wenn die VGA-Karte aktiv ist:
    AL   = 12H

Wenn die VGA-Karte nicht aktiv ist:
    AL   = 00H

Int 10H Funktion 12H   [MCGA] [VGA]
Unterfunktion 31H
Laden der Standardpalette
ein-/ausschalten

Legt fest, ob die Standardpalette bei Auswahl eines Bildschirmmodus automatisch geladen wird.

Aufruf mit:

```
AH      = 12H
AL      = 00H zum Einschalten der Ladefunktion
          01H zum Ausschalten der Ladefunktion
BL      = 31H
```

Rückgabewerte:

Wenn die Funktion unterstützt wird:
```
AL      = 12H
```

Int 10H Funktion 12H [MCGA] [VGA]
Unterfunktion 32H
CPU-Zugriff erlauben/verbieten

Erlaubt oder verbietet der CPU den Zugriff auf die Ein-/Ausgabeports und den Bildwiederholungsspeicher des Bildschirmadapters.

Aufruf mit:

```
AH      = 12H
AL      = 00H, um den Zugriff zu erlauben
          01H, um den Zugriff zu verbieten
BL      = 32H
```

Rückgabewerte:

Wenn die Funktion unterstützt wird:
```
AL      = 12H
```

Int 10H Funktion 12H [MCGA] [VGA]
Unterfunktion 33H
Graustufendarstellung ein-/ausschalten

Schaltet die Graustufenberechnung für den aktiven Bildschirm ein oder aus.

Aufruf mit:

```
AH      = 12H
AL      = 00H zum Einschalten der Graustufenberechnung
          01H zum Ausschalten der Graustufenberechnung
BL      = 32H
```

Wenn die Funktion unterstützt wird:
AL = 12H

Bemerkungen:

- Bei eingeschalteter Graustufenberechnung werden, bei Auswahl des Bildschirmmodus, bei der Programmierung der Farbpalette und beim Laden der Farbregister, die Farbwerte mit der Umrechnungsfunktion in die Werte für die Graustufen umgerechnet.

Int 10H Funktion 12H   [VGA]
Unterfunktion 34H
Cursor-Emulation ein-/ausschalten

Schaltet die Cursor-Emulation für den aktiven Bildschirm ein oder aus. Bei eingeschalteter Cursor-Emulation rechnet ROM-BIOS die durch Int 10H Funktion 01H gegebenen Start- und Endzeilen auf die aktuellen Größe eines Zeichenfeldes um.

Aufruf mit:

AH = 12H
AL = 00H Cursor-Emulation einschalten
    01H Cursor-Emulation ausschalten
BL = 34H

Rückgabewerte:

Wenn die Funktion unterstützt wird:
AL = 12H

Int 10H Funktion 12H   [MCGA] [VGA]
Unterfunktion 35H
Bildschirmadapter umschalten

Erlaubt die Auswahl eines von zwei Bildschirmadaptern im System, wenn sie sich durch überlappende Speicherbereiche oder gleiche Portadressen ausschließen.

Aufruf mit:

AH   = 12H
AL   = Umschaltfunktion
         00H   Erstadapter ausschalten
         01H   Systemplatinenadapter einschalten
         02H   Aktiven Adapter ausschalten
         03H   Inaktiven Adapter einschalten
BL   = 35H
ES:DX   = Segment:Relativadresse eines 128-Byte
         Puffers (wenn AL=00H, 02H oder 03H)

Rückgabewerte:

Wenn die Funktion unterstützt wird:
AL   = 12H

und mit AL=00H oder 02H aufgerufen wurde:
Statusinformationen des Bildschirmadapters sind im angegebenen Puffer abgelegt.

oder mit AL=03H aufgerufen wurde:
Status des Bildschirmadapters aus den Informationen im angegebenen Puffer restauriert.

Bemerkungen:

- Diese Unterfunktion kann nur benutzt werden, wenn beide Bildschirmadapter mit einer Ausschaltmöglichkeit versehen sind (Int
10H Funktion 12H Unterfunktion 32H).

- Besteht kein Konflikt zwischen den Speicherbereichen und den
Portadressen der Bildschirmadapter, können beide simultan benutzt werden. Dann wird diese Funktion nicht benötigt.

Int 10H Funktion 12H   [VGA]
Unterfunktion 36H
Bildwiederholung ein-/ausschalten

Schaltet die Bildwiederholung für den aktiven Bildschirm ein oder
aus.

<u>**Aufruf mit:**</u>

AH	= 12H
AL	= 00H zum Einschalten der Bildwiederholung
	01H zum Ausschalten der Bildwiederholung
BL	= 36H

<u>**Rückgabewerte:**</u>

Wenn die Funktion unterstützt wird:
AL   = 12H

Int 10H Funktion 13H [MDA] [CGA] [EGA]
Zeichenkette im [MCGA] [VGA]
TTY-Modus schreiben

Überträgt eine Zeichenkette an die angegebene Position im Bild-schirmspeicher des aktiven Bildschirms.

<u>**Aufruf mit:**</u>

AH   – 13H
AL   = Schreibmodus

    0   *Attribut in BL;*
       Zeichenkette enthält nur Zeichencodes; die
       Cursorposition wird nicht aktualisiert

    1   *Attribut in BL;*
       Zeichenkette enthält nur Zeichencodes; die
       Cursorposition wird nach dem Schreiben
       aktualisiert

    2   *Zeichenkette enthält Umschaltzeichencodes*
       und Attributbytes; Cursorposition wird nicht
       aktualisiert

    3   *Zeichenkette enthält Umschaltzeichencodes*
       und Attributbytes; Cursorposition wird nach
       dem Schreiben aktualisiert

BH   = Seite
BL   = Attribut, wenn AL=00H oder 01H
CX   = Länge der Zeichenkette
DH   = y-Koordinate (Zeile)
DL   = x-Koordinate (Spalte)
ES:BP   = Segment:Relativadresse der Zeichenkette

<u>**Rückgabewerte:**</u>

Keine

<u>**Bemerkungen:**</u>

- Diese Funktion ist auf IBM PC oder PC/XT ohne EGA-Karte (die ihr eigenes ROM-BIOS besitzt) nicht verfügbar.

- Diese Funktion kann als Erweiterung der Int 10H Funktion 0EH betrachtet werden. Die Steuerzeichen Signalton (07H), Backspace (08H), Zeilenvorschub (0AH) und Wagenrücklauf (0DH) werden erkannt und entsprechend behandelt.

Int 10H Funktion 1AH [PS/2]
Lesen/Setzen des
Bildschirmkombinationscodes

Gibt einen Code zurück, der Informationen über die installierten Bildschirmadapter gibt, oder setzt die ROM-BIOS Variable, die den angeschlossenen Bildschirmadapter beschreibt.

<u>**Aufruf mit:**</u>

AH   = 1AH
AL   = Unterfunktion
         00H = Bildschirmkombinationscode lesen
         01H = Bildschirmkombinationscode setzen
BH   = Code des inaktiven Adapters (wenn AL=01H)
BL   = Code des aktiven Adapters (wenn AL=01H)

<u>**Rückgabewerte:**</u>

Wenn die Funktion unterstützt wird:
AL   = 1AH

wenn zusätzlich AL=00H angegeben wurde:
BH   = Bildschirmkombinationscode des inaktiven Adapters
BL   = Bildschirmkombinationscode des aktiven Adapters

- Die Codes werden folgendermaßen interpretiert:

Code(s)	Typ des Video-Subsystems
00H	Kein Bildschirm
01H	MDA mit 5151 Monitor
02H	CGA mit 5153 oder 5154 Monitor
03H	Reserviert
04H	EGA mit 5153 oder 5154 Monitor
05H	EGA mit 5151 Monitor
06H	PGA mit 5175 Monitor
07H	VGA mit analogem Monochrommonitor
08H	VGA mit analogem Farbmonitor
09H	Reserviert
0AH	MCGA mit digitalem Farbmonitor
0BH	MCGA mit analogem Monochrommonitor
0CH	MCGA mit analogem Farbmonitor
0DH-FEH	Reserviert
FFH	Unbekannt

Int 10H Funktion 1BH [PS/2]
Funktions-/Statusinformationen lesen

Liefert Informationen über den aktuellen Bildschirmmodus, sowie einen Zeiger auf eine Tabelle, die die Eigenschaften und Möglichkeiten des Bildschirmadapters und Monitors beschreibt.

Aufruf mit:

AH	= 1BH
BX	= Implementationstyp (immer 00H)
ES:DI	= Segment:Relativadresse eines 64-Byte Puffers

Rückgabewerte:

Wenn die Funktion unterstützt wird:
AL   = 1BH

zusätzlich werden Informationen im Puffer abgelegt

- Der beim Aufruf angegebene Puffer wird mit Informationen gefüllt, die vom aktuellen Bildschirmmodus abhängen:

Byte(s)	*Inhalt*
00H-03H	Zeiger auf die Funktionsinformationen
04H	aktueller Bildschirmmodus
05H-06H	Anzahl der Textspalten
07H-08H	Länge des Bildwiederholungsspeichers (in Bytes)
09H-0AH	Startadresse der linken oberen Bildschirmecke im Puffer
0BH-1AH	Cursorposition für die Bildschirmseiten 0-7 als acht 2-Byte Einträge; Das erste Byte jedes Paares gibt die y-Koordinate das zweite Byte die x-Koordinate an
1BH	Startzeile des Cursors
1CH	Endzeile des Cursors
1DH	Aktive Bildschirmseite
1EH-1FH	Basisportadresse des Adapters (3BXH Monochrom, 3DXH Farbe)
20H	Aktuelle Einstellung des Register 3B8H oder 3D8H
21H	Aktuelle Einstellung des Register 3B9H oder 3D9H
22H	Anzahl der Textzeilen
23H-24H	Zeichenhöhe in Rasterzeilen
25H	Code des aktiven Bildschirms (s. Int 10H Funktion 1AH)
26H	Code des inaktiven Bildschirms (s. Int 10H Funktion 1AH)
27H-28H	Anzahl der darstellbaren Farben (0 für Monochrom)
29H	Anzahl Bildschirmseiten
2AH	Anzahl Rasterzeilen
	00H = *200 Rasterzeilen*
	01H = *350 Rasterzeilen*
	02H = *400 Rasterzeilen*
	03H = *480 Rasterzeilen*
	04H-FFH = *Reserviert*
2BH	Erster Zeichenbereich (s. Int 10H Funktion 11H Unterfunktion 03H)
2CH	Zweiter Zeichenbereich

2DH	Verschiedene Statusinformationen

Bit(s)	Bedeutung
0	= 1, wenn alle Modi auf allen Bildschirmen aktiv (immer 0 beim MCGA)
1	= 1, wenn Graustufenberechnung aktiv
2	= 1, wenn Monochrombildschirm angeschlossen
3	= 1, wenn die automatische Farbpalettenbelegung ausgeschaltet ist
4	= 1, wenn die Cursor-Emulation aktiv ist (immer 0 beim MCGA)
5	= Status des I/B Schalters (0=Intensität, 1=Blinken)
6-7	= Reserviert

2EH-30H	Reserviert
31H	zur Verfügung stehender Bildschirmspeicher

00H	= 64 KB
01H	= 128 KB
02H	= 192 KB
03H	= 256 KB

32H	Sicherungszeiger Statusinformationen

Bit(s)	Bedeutung
0	= 1, wenn 512-Zeichen Zeichensatz aktiv
1	= 1, wenn der dynamische Sicherungsspeicher aktiv
2	= 1, wenn die Überlagerung des Alpha-Zeichensatzes aktiv
3	= 1, wenn die Überlagerung des Grafik Zeichensatzes aktiv
4	= 1, wenn die Überalgerung der Farbpalette aktiv
5	= 1, wenn Erweiterung des Bildschirmkombinationscode (DCC) aktiv
6-7	= Reserviert

33H-3FH	Reserviert

- Die Bytes 0-3 des beim Aufruf angegebenen Puffers enthalten einen DWORD-Zeiger (Relativadresse im unteren, Segment im oberen Halbwort) auf die folgenden Informationen über den Bildschirmadapter und den Monitor:

Byte(s)	Inhalt
00H	Unterstützte Bildschirmmodi

Bit   *Bedeutung*
0   *=1, wenn Modus 00H unterstützt*
1   *=1, wenn Modus 01H unterstützt*
2   *=1, wenn Modus 02H unterstützt*
3   *=1, wenn Modus 03H unterstützt*
4   *=1, wenn Modus 04H unterstützt*
5   *=1, wenn Modus 05H unterstützt*
6   *=1, wenn Modus 06H unterstützt*
7   *=1, wenn Modus 07H unterstützt*

01H   Unterstützte Bildschirmmodi

Bit   *Bedeutung*
0   *=1, wenn Modus 08H unterstützt*
1   *=1, wenn Modus 09H unterstützt*
2   *=1, wenn Modus 0AH unterstützt*
3   *=1, wenn Modus 0BH unterstützt*
4   *=1, wenn Modus 0CH unterstützt*
5   *=1, wenn Modus 0DH unterstützt*
6   *=1, wenn Modus 0EH unterstützt*
7   *=1, wenn Modus 0FH unterstützt*

02H   Unterstützte Bildschirmmodi

Bit   *Bedeutung*
0   *=1, wenn Modus 10H unterstützt*
1   *=1, wenn Modus 11H unterstützt*
2   *=1, wenn Modus 12H unterstützt*
3   *=1, wenn Modus 13H unterstützt*
4-7   *= Reserviert*

03H-06H   Reserviert

07H   Anzahl der Rasterzeilen im Textmodus

Bit(s)   *Bedeutung*
0   *= 1 bei 200 Rasterzeilen*
1   *= 1 bei 350 Rasterzeilen*
2   *= 1 bei 400 Rasterzeilen*
3-7   *= Reserviert*

08H   Anzahl der Zeichensatzbereiche im Textmodus
(s. Int 10H Funktion 11H)

09H   Anzahl der maximal aktiven Zeichensatzbereiche
im Textmodus

0AH	Verschiedene BIOS Eigenschaften
	Bit	*Bedeutung*
	0	*= 1, wenn alle Modi auf allen Bildschirmen aktiv (immer 0 beim MCGA)*
	1	*= 1, wenn Graustufenberechnung aktiv*
	2	*= 1, wenn das Laden eines Zeichensatzes möglich ist*
	3	*= 1, wenn die automatische Farbpaletten-belegung möglich ist*
	4	*= 1, wenn die Cursor-Emulation aktiv ist*
	5	*= 1, wenn die EGA-Farbpalette (64 Farben) zur Verfügung steht*
	6	*= 1, wenn das Laden der Farbregister möglich ist*
	7	*= 1, wenn der Seitenmodus für die Farbregister zur Verfügung steht*

0BH	Verschiedene BIOS Eigenschaften
	Bit(s)	*Bedeutung*
	0	*= 1, wenn der Lichtgriffel zur Verfügung steht*
	1	*= 1, wenn der Bildschirmstatus gespeichert/geladen werden kann (0 beim MCGA)*
	2	*= 1, wenn die Kontrolle über Intensität/Blinken vorhanden ist*
	3	*= 1, wenn der Bildschirmkombinations-code gesetzt/gelesen werden kann*
	4-7	*= Reserviert*

0CH-0DH Reserviert

0EH Möglichkeiten des Sicherungsbereiches

Bit(s) *Bedeutung*

0 *= 1, wenn 512-Zeichen Zeichensatz aktiv*

1 *= 1, wenn der dynamische Sicherungs-speicher aktiv*

2 *= 1, wenn die Überlagerung des Alpha-Zeichensatzes aktiv*

3 *= 1, wenn die Überlagerung des Grafik-Zeichensatzes aktiv*

4	*= 1, wenn die Überalgerung der Farb- palette aktiv*
5	*= 1, wenn Erweiterung des Bildschirm- kombinationscode (DCC) aktiv*
6-7	*= Reserviert*
0FH	Reserviert

Int 10H Funktion 1CH [PS/2]
Videostatus sichern oder zurückladen

Sichert oder lädt den Zustand des Digital-Analog-Konverters (DAC) und der Farbregister, des ROM-BIOS Datenbereiches für den Bildschirmtreiber oder der Videohardware.

Aufruf mit:

AH	= 1CH
AL	= Unterfunktion
	00H zum Lesen der Puffergröße
	01H zum Sichern des Zustands
	02H zum Zurückladen des Zustands
CX	= Bereich der zu Sichern/Zurückzuladen ist

Bit(s)   Bedeutung (wenn gesetzt)
0   Zustand der Videohardware
1   BIOS-Datenbereich
2   Zustand des DAC und der Farbregister
3-15   Reserviert

ES:BX   = Segment:Relativadresse des Puffers

Rückgabewerte:

Wenn die Funktion unterstützt wird:
AL   = 1CH

und mit AL=00H aufgerufen wurde:
BX   = Blockzähler des Puffers (64 Bytes per Block)

oder mit AL=01H aufgerufen wurde:
Der angegebene Puffer ist mit Zustandsinformationen gefüllt

oder mit AL=02H aufgerufen wurde:
Der geforderte Zustand wurde aus dem Puffer zurückgeladen

Bemerkungen:

- Die Unterfunktion 00H wird dazu benutzt, die Puffergröße für die geforderten Zustandsdaten festzustellen. Der Benutzer muß diesen Puffer bereitstellen.

- Der aktuelle Videostatus wird während der Sicherungsoperation (AL=01H) geändert. Ist es für das Programm erforderlich, daß der gleiche Videostatus beibehalten wird, ist es möglich, der Sicherung des Videozustands gleich ein Zurückladen folgen zu lassen.

- Diese Funktion wird nur vom VGA unterstützt.

Int 11H [PC] [AT] [PS/2]
Ausstattung feststellen

Liefert die Ausstattungsliste von ROM-BIOS.

Aufruf mit:

Nichts

Rückgabewerte:

AX = Ausstattungslisten-Codewort

Bit(s)	Bedeutung
14-15	Anzahl der angeschlossenen Drucker
13	= 1, wenn internes Modem installiert (nur PC und XT)
	= 1, wenn Drucker seriell angeschlossen (nur PCjr)
12	= 1, wenn Spieleadapter installiert ist
9-11	Anzahl der vorhandenen RS-232 Ports
8	Reserviert
6-7	Anzahl der Diskettenlaufwerke (wenn Bit 0 = 1)
00	= 1
01	= 2
10	= 3
11	= 4
4-5	Bildschirmmodus
00	Reserviert
01	40/25 Text in Farbe
10	80/25 Text in Farbe
11	80/25 Monochrom

2-3	*Speicherkapazität auf der Hauptplatine*
	(s. Bemerkungen für PC)
2	*= 1, wenn Zeigergerät installiert (PS/2)*
1	*= 1, wenn Coprozessor installiert*
0	*= 1, wenn Diskettenlaufwerk(e) installiert*

Bemerkungen:

- Die Bits 2-3 des Rückgabewertes werden nur vom ROM-BIOS des IBM PC mit 64 KB benutzt.

Int 12H   [PC] [AT] [PS/2]
Speicherkapazität feststellen

Gibt die für MS-DOS und Anwenderprogramme zur Verfügung stehende Speichergröße zurück.

Aufruf mit:

Nichts

Rückgabewerte:

AX   = Speicherkapazität (in KB)

Bemerkungen:

- Bei einigen frühen PC-Modellen gibt diese Funktion den Wert zurück, der durch die DIP-Schalter auf der Hauptplatine angegeben wird und nicht mit dem physisch vorhanden Speicher übereinstimmen muß.

- Auf dem PC/AT gibt der Rückgabewert den Speicher an, der beim Einschalttest gefunden wurde, unabhängig von der Information über die Speichergröße, die im CMOS-RAM gespeichert wird.

- Der Rückgabewert gibt keine Auskunft über erweiterten Speicher (über der 1 MB Grenze), der auf 80286 und 80386 Maschinen, wie dem PC/AT oder PS/2 (Modelle 50 und darüber), vorhanden sein kann.

Int 13H Funktion 00H   [PC] [AT] [PS/2]
Laufwerk zurücksetzen

Führt ein Zurücksetzen des Laufwerkcontrollers durch, rekalibriert die angeschlossenen Laufwerke (der Schreib-/Lesekopf wird auf Zylinder 0 positioniert) und bereitet das System auf Laufwerkszugriffe vor.

Aufruf mit:

    AH   = 00H
    DL   = Laufwerk
              00H-7FH   Floppy-Laufwerk
              80H-FFH   Festplatte

Rückgabewerte:

Bei erfolgreicher Durchführung:
Übertragsbit zurückgesetzt
AH   = 00H

Bei nicht erfolgreicher Durchführung:
Übertragsbit gesetzt
AH   = Status (s. Int 13H Funktion 01H)

Bemerkungen:

- Diese Funktion sollte aufgerufen werden, wenn eine Lese-, Schreib-, Prüfungs- oder Formatierungsoperation auf einem Diskettenlaufwerk nicht erfolgreich war, bevor die Operation wiederholt wird.

- Bei einem Aufruf mit DL >= 80H (bei Auswahl einer Festplatte), werden die Controller der Diskettenlaufwerke und der Festplatte zurückgesetzt. Die Int 13H Funktion 0DH setzt den Festplattencontroller zurück, ohne den Diskettencontroller dabei zu beeinflussen.

Int 13H Funktion 01H [PC] [AT] [PS/2]
Laufwerksstatus feststellen

Gibt den Status der letzten Laufwerksoperation zurück.

Aufruf mit:

AH	= 01H
DL	= Laufwerk

        00H-7FH   *Floppy-Laufwerk*
        80H-FFH   *Festplatte*

Rückgabewerte:

AH	= 00H
AL	= Status der letzen Laufwerksoperation

00H   kein Fehler
01H   Kommando ungültig
02H   Sektorkennung nicht gefunden
03H   Diskette schreibgeschützt (F)
04H   Sektor nicht gefunden
05H   Fehler beim Zurücksetzen (H)
06H   Diskette nicht im Laufwerk (F)
07H   Fehlerhafte Parametertabelle (H)
08H   DMA-Überlauf (F)
09H   Überschreitung der DMA-Grenze von 64 KB
0AH   Flag für fehlerhaften Sektor (H)
0BH   Flag für fehlerhaften Track (H)
0CH   Diskettentyp nicht gefunden (F)
0DH   Anzahl der Sektoren beim Formatieren
         ungültig (H)
0EH   Adressmarkierung für Kontrolldaten
         gefunden (H)
0FH   DMA-Zugriffsebene außerhalb des
         erlaubten Bereichs (H)
10H   nichtbehebbarer CRC oder ECC Fehler
11H   ECC Fehler, Daten wurden korrigiert (H)
20H   Controller defekt
40H   Anfahren der Spur nicht möglich
80H   Time out: Laufwerk reagiert nicht

AAH   Laufwerk nicht bereit (H)
BBH   nicht definierter Fehler (H)
CCH   Fehler beim Schreiben (H)
E0H   Fehler im Statusregister (H)
FFH   Fehler in der Prüfoperation

H=Nur Festplatte, F=Nur Floppy-Laufwerk

Bemerkungen:

- Bei Festplatten bedeutet der Fehler 11H (ECC Fehler), daß ein behebbarer Fehler während einer vorhergehenden Sektorleseoperation (Int 13H Funktion 02H) aufgetreten ist.

Int 13H Funktion 02H   [PC] [AT] [PS/2]
Sektoren lesen

Liest einen oder mehrere Sektoren von einem Laufwerk in den Speicher.

Aufruf mit:

AH	= 02H
AL	= Anzahl Sektoren
CH	= Zylinder
CL	= Scktor
DH	= Kopf
DL	= Laufwerk

00H-7FH   Floppy-Laufwerk
80H-FFH   Festplatte

ES:BX   = Segment:Relativadresse des Puffers

Rückgabewerte:

Bei erfolgreicher Durchführung:
Übertragsbit zurückgesetzt
AH   = 00H
AL   = Anzahl der gelesenen Sektoren

Bei nicht erfolgreicher Durchführung:
Übertragsbit gesetzt
AH   = Status (s. Int 13H Funktion 01H)

Bemerkungen:

- Bei Festplatten werden die obersten zwei Bits der 10-Bit Zylindernummer in den obersten zwei Bits des Registers CL gehalten.

- Bei Festplatten signalisiert der Fehlercode 11H, daß ein Lesefehler aufgetreten ist und durch den ECC-Algorithmus behoben wurde. In diesem Fall enthält das Register AL die ECC-Kettenfehlerlänge. Die zurückgegebenen Daten sind wahrscheinlich korrekt, obwohl die Möglichkeit besteht, daß sie nicht ordentlich korrigiert wurden. Beim Übertragen von mehreren Sektoren wurde die Operation nach dem fehlerhaften Sektor abgebrochen.

- Bei Diskettenlaufwerken kann ein Fehler auftreten, wenn der Motor des Laufwerks bei der Leseanforderung ausgeschaltet ist. Vor dem Zugriff wartet ROM-BIOS nicht automatisch darauf, daß das Laufwerk seine Nenndrehzahl erreicht hat. Das Programm sollte das Laufwerkssystem zunächst zurücksetzen (Int 13H Funktion 00H) und die Operation noch dreimal durchführen, bevor angenommen werden kann, daß der Fehler eine andere Ursache hat.

Int 13H Funktion 03H   [PC] [AT] [PS/2]
Sektoren schreiben

Schreibt einen oder mehrere Sektoren aus dem Speicher auf ein Laufwerk.

Aufruf mit:

AH	= 03H
AL	= Anzahl Sektoren
CH	= Zylinder
CL	= Sektor
DH	= Kopf
DL	= Laufwerk

         00H-7FH   *Floppy-Laufwerk*
         80H-FFH   *Festplatte*

ES:BX   = Segment:Relativadresse des Puffers

<u>**Rückgabewerte:**</u>

Bei erfolgreicher Durchführung:
Übertragsbit zurückgesetzt
AH   = 00H
AL   = Anzahl der übertragenen Sektoren

Bei nicht erfolgreicher Durchführung:
Übertragsbit gesetzt
AH   = Status (s. Int 13H Funktion 01H)

<u>**Bemerkungen:**</u>

- Bei Festplatten werden die obersten zwei Bits der 10-Bit Zylindernummer in den obersten zwei Bits des Registers CL gehalten.

- Bei Diskettenlaufwerken kann ein Fehler auftreten, wenn der Motor des Laufwerks bei der Leseanforderung ausgeschaltet ist. Vor dem Zugriff wartet ROM-BIOS nicht automatisch darauf, daß das Laufwerk seine Nenndrehzahl erreicht hat. Das Programm sollte das Laufwerkssystem zunächst zurücksetzen (Int 13H Funktion 00H) und die Operation noch dreimal durchführen, bevor angenommen werden kann, daß der Fehler eine andere Ursache hat.

Int 13H Funktion 04H   [PC] [AT] [PS/2]
Sektoren verifizieren

Verifiziert die Adressfelder ein oder mehrerer Sektoren. Es werden keine Daten übertragen.

<u>**Aufruf mit:**</u>

AH   = 04H
AL   = Anzahl Sektoren
CH   = Zylinder
CL   = Sektor
DH   = Kopf
DL   = Laufwerk
      00H-7FH   Floppy-Laufwerk
      80H-FFH   Festplatte
ES:BX   = Segment:Relativadresse des Puffers (s. Bemerkungen)

<u>Rückgabewerte:</u>

Bei erfolgreicher Durchführung:
Übertragsbit zurückgesetzt
AH   = 00H
AL   = Anzahl der verifizierten Sektoren

Bei nicht erfolgreicher Durchführung:
Übertragsbit gesetzt
AH   = Status (s. Int 13H Funktion 01H)

<u>Bemerkungen:</u>

- Bei PCs, XTs und PC/ATs mit einer ROM-BIOS Version älter als 15.11.85, sollte ES:BX auf einen gültigen Puffer zeigen.

- Bei Festplatten werden die obersten zwei Bits der 10-Bit Zylindernummer in den obersten zwei Bits des Registers CL gehalten.

- Mit dieser Funktion kann man testen, ob sich ein lesbares Medium im Diskettenlaufwerk befindet. Es kann ein Fehler auftreten, wenn der Motor des Laufwerks bei der Leseanforderung ausgeschaltet ist. ROM-BIOS wartet nicht automatisch darauf, daß das Laufwerk seine Nenndrehzahl erreicht, bevor der Lesezugriff durchgeführt wird. Das Programm sollte das Laufwerkssystem zunächst zurücksetzen (Int 13H Funktion 00H) und die Operation noch dreimal durchführen, bevor angenommen werden kann, daß der Fehler eine andere Ursache hat.

Int 13H Funktion 04H
Spur formatieren

[PC] [AT] [PS/2]

Initialisiert Sektoren und Adressfelder auf der angegebenen Spur.

<u>Aufruf mit:</u>

AH   = 05H
AL   = Verschachtelung (PC/XT Festplatte)
CH   = Zylinder
DH   = Kopf
DL   = Laufwerk
                00H-7FH   Floppy-Laufwerk
                80H-FFH   Festplatte
ES:BX   = Segment:Relativadresse der Adressfeldliste
                (außer PC/XT, s. Bemerkungen)

Rückgabewerte:

Bei erfolgreicher Durchführung:
Übertragsbit zurückgesetzt
AH   = 00H

Bei nicht erfolgreicher Durchführung:
Übertragsbit gesetzt
AH   = Status (s. Int 13H Funktion 01H)

Bemerkungen:

- Bei Disketten besteht die Adressfeldliste aus einer Reihe 4-Byte
  Einträgen, für jeden Sektor einen. Ein Eintrag hat das folgende
  Format:

Byte	*Inhalt*
0	Zylinder
1	Kopf
2	Sektor
3	Sektorgrößencode

    00H für 128 Bytes pro Sektor
    01H für 256 Bytes pro Sektor
    02H für 512 Bytes pro Sektor
    03H für 1024 Bytes pro Sektor

- Bei Disketten wird die Anzahl der Sektoren pro Track aus der
  BIOS-Laufwerksparametertabelle entnommen, deren Adresse im
  Vektor Int 1EH gespeichert ist.

- Wenn diese Funktion bei Diskettenlaufwerken auf dem PC/AT
  oder PS/2 benutzt wird, sollte vorher der Typ des Speicher-
  mediums mit der Int 13H Funktion 17H gewählt werden.

- Bei Festplatten werden die obersten zwei Bits der 10-Bit Zylindernummer in den obersten zwei Bits des Registers CL gehalten.

- Bei Festplatten im PC/XT-286, PC/AT und PS/2 zeigt ES:BX
  auf einen 512-Byte Puffer, der für die physikalischen Disketten-
  sektoren Wertepaare enthält, die wie folgt belegt sind:

Byte	*Inhalt*
0	00H für einen fehlerfreien Sektor
	80H für einen fehlerhaften Sektor
1	Sektornummer

- Um z.B. eine Spur mit 17 Sektoren und einer Verschachtelung von zwei zu Formatieren, müßte ES:BX auf einen 512-Byte Puffer zeigen, der am Anfang das folgende 34-Byte Array enthält:

```
db    00h,01h,00h,0ah,00h,02h,00h,0bh,00h
db    03h,00h,0ch,00h,04h,00h,0dh,00h,05h
db    00h,0eh,00h,06h,00h,0fh,00h,07h,00h
db    10h,00h,08h,00h,11h,00h,09h
```

Int 13H Funktion 06H   [PC]
Fehlerhafte Spur formatieren

Initialisiert Sektoren und Adressfelder auf der angegebenen Spur und markiert die Sektoren als fehlerhaft.

Aufruf mit:

```
AH        = 06H
AL        = Verschachtelung
CH        = Zylinder
DH        = Kopf
DL        = Laufwerk
            80H-FFH    Festplatte
```

Rückgabewerte:

Bei erfolgreicher Durchführung:
Übertragsbit zurückgesetzt
AH   = 00H

Bei nicht erfolgreicher Durchführung:
Übertragsbit gesetzt
AH   = Status (s. Int 13H Funktion 01H)

Bemerkungen:

- Diese Funktion ist nur für PC/XT Festplatten definiert.

- Zusätzliche Informationen finden sie in den Bemerkungen zu Int 13H Funktion 05H.

Int 13H Funktion 07H [PC]
Laufwerk formatieren

Initialisiert Sektoren und Adressfelder auf dem gesamten Laufwerk
ab dem angegebenen Zylinder.

Aufruf mit:

```
AH      = 07H
AL      = Verschachtelung
CH      = Zylinder
DH      = Kopf
DL      = Laufwerk
           80H-FFH    Festplatte
```

Rückgabewerte:

Bei erfolgreicher Durchführung:
Übertragsbit zurückgesetzt
AH   = 00H

Bei nicht erfolgreicher Durchführung:
Übertragsbit gesetzt
AH   = Status (s. Int 13H Funktion 01H)

Bemerkungen:

- Diese Funktion ist nur für PC/XT Festplatten definiert.

- Zusätzliche Informationen finden sie in den Bemerkungen zu Int
  13H Funktion 05H.

Int 13H Funktion 08H [PC] [AT] [PS/2]
Laufwerksparameter feststellen

Gibt verschiedene Parameter des angegebenen Laufwerks zurück.

Aufruf mit:

```
AH      = 08H
DL      = Laufwerk
           00H-07H    Floppy-Laufwerk
           80H-FFH    Festplatte
```

Bei erfolgreicher Durchführung:
Übertragsbit zurückgesetzt
BL   = Laufwerkstyp (PC/AT und PS/2 Laufwerke)
             01H   360 KB, 40 Spuren, 5.25"
             02H   1.2 MB, 80 Spuren, 5.25"
             03H   720 KB, 80 Spuren, 3.5"
             04H   1.44 MB, 80 Spuren, 3.5"

CH   = unteren 8 Bits der maximalen Zylindernummer
CL   = Bits 6-7   die zwei höherwertigsten Bits der
                                   maximalen Zylindernummer
            Bits 0-5   maximale Sektorennummer
DH   = maximale Kopfnummer
DL   = Anzahl der Laufwerke
ES:DI   = Segment:Relativadresse der Laufwerksparameter
             tabelle

Bei nicht erfolgreicher Durchführung:
Übertragsbit gesetzt
AH   = Status (s. Int 13H Funktion 01H)

Bemerkungen:

- Auf PCs und PC/XTs wird diese Funktion nur für Festplatten unterstützt.

- Der Rückgabewert in DL gibt die Anzahl der physischen Laufwerke an, die am Adapter für das angegebene Laufwerk angeschlossen sind.

Int 13H Funktion 09H   [PC] [AT] [PS/2]
Festplattenparameter initialisieren

Initialisiert den Festplattencontroller mit den Werten aus der/den ROM-BIOS Laufwerksparametertabelle(n).

Aufruf mit:

AH   = 09H
DL   = Laufwerk
            80H-FFH   Festplatte

beim PC/XT zusätzlich:
Der Vektor für Int 41H muß auf einen Laufwerksparameterblock
zeigen

beim PC/AT und PS/2 zusätzlich:
Der Vektor Int 41H muß auf den Laufwerksparameterblock von
Laufwerk 0 zeigen
Der Vektor Int 46H muß auf den Laufwerksparameterblock von
Laufwerk 1 zeigen

Rückgabewerte:

Bei erfolgreicher Durchführung:
Übertragsbit zurückgesetzt
AH   = 00H

Bei nicht erfolgreicher Durchführung:
Übertragsbit gesetzt
AH   = Status (s. Int 13 Funktion 01H)

Bemerkungen:

- Diese Funktion unterstützt nur Festplatten.

- Bei Festplatten in PCs und PC/XTs hat der Parameterblock
  folgendes Format:

Byte(s)	*Inhalt*
00-01H	Maximale Anzahl Zylinder
02H	Maximale Anzahl Köpfe
03H-04H	Startzylinder für das reduzierte Schreiben
05H-06H	Startzylinder für die Schreibprekompensation
07H	Maximale ECC-Kantenfehlerlänge
08H	Laufwerksoptionen
	Bit 7 = 1, wenn Zugriffswiederholungen ausgeschaltet
	Bit 6 = 1, wenn ECC-Wiederholungen ausgeschaltet
	Bits 3-5 = 0
	Bits 0-2 = Laufwerksoption
09H	Standardwert für den Time-out

0AH	Time-out-Wert für die Laufwerksformatierung
0BH	Time-out-Wert für die Laufwerksprüfung
0CH-0FH	Reserviert

Bei Festplatten in PC/ATs und PS/2s hat der Parameterblock folgendes Format:

Byte(s)	*Inhalt*
00-01H	Maximale Anzahl Zylinder
02H	Maximale Anzahl Köpfe
03H-04H	Reserviert
05H-06H	Startzylinder für die Schreibprekompensation
07H	Maximale ECC-Kantenfehlerlänge
08H	Laufwerksoptionen
	Bits 6-7 ungleich Null (10, 01 oder 11), wenn Zugriffswiederholungen ausgeschaltet
	Bit 5 = 1, wenn die Herstellerübersicht über die defekten Sektoren auf dem letzten Zylinder + 1 gespeichert ist
	Bit 4 = unbenutzt
09H-0BH	Reserviert
0CH-0DH	Zylinder zum Landen des Schreib-/Lesekopfes
0EH	Anzahl Sektoren pro Spur
0FH	Reserviert

Int 13H Funktion 0AH   [PC] [AT] [PS/2]
Lange Sektoren lesen

Liest einen oder mehrere Sektoren mit dem zugehörigen ECC-Code von einem Laufwerk in den Speicher.

Aufruf mit:

AH	= 0AH
AL	= Anzahl Sektoren
CH	= Zylinder
CL	= Sektor (s. Bemerkungen)
DH	= Kopf
DL	= Laufwerk
	80H-FFH *Festplatte*
ES:BX	= Segment:Relativadresse eines Puffers

<u>**Rückgabewerte:**</u>

Bei erfolgreicher Durchführung:
Übertragsbit zurückgesetzt
AH   = 00H
AL   = Anzahl der übertragenen Sektoren

Bei nicht erfolgreicher Durchführung:
Übertragsbit gesetzt
AH   = Status (s. Int 13H Funktion 01H)

<u>**Bemerkungen:**</u>

- Diese Funktion unterstützt nur Festplatten.

- Die obersten zwei Bits der 10-Bit Zylindernummer werden in den obersten zwei Bits des Registers CL gehalten.

- Anders als bei der normalen Funktion zum Lesen eines Sektors (Int 13H Funktion 02H), werden ECC-Fehler nicht automatisch behoben. Beim Übertragen von mehreren Sektoren, wird nach dem Sektor mit dem Lesefehler abgebrochen.

Int 13H Funktion 0BH   [PC] [AT] [PS/2]
Lange Sektoren schreiben

Schreibt einen oder mehrere Sektoren aus dem Speicher auf ein Laufwerk. Der Datenbereich jedes Sektors muß um seinen 4-Byte ECC-Code erweitert sein.

<u>**Aufruf mit:**</u>

AH   = 0BH
AL   = Anzahl Sektoren
CH   = Zylinder
CL   = Sektor (s. Bemerkungen)
DH   = Kopf
DL   = Laufwerk
           80H-FFH   Festplatte
ES:BX   = Segment:Relativadresse eines Puffers

Rückgabewerte:

Bei erfolgreicher Durchführung:
Übertragsbit zurückgesetzt
AH   = 00H
AL   = Anzahl der übertragenen Sektoren

Bei nicht erfolgreicher Durchführung:
Übertragsbit gesetzt
AH   = Status (s. Int 13H Funktion 01H)

Bemerkungen:

- Diese Funktion unterstützt nur Festplatten.

- Die obersten zwei Bits der 10-Bit Zylindernummer werden in den obersten zwei Bits des Registers CL gehalten.

Int 13H Funktion 0CH   [PC] [AT] [PS/2]
Positionieren

Positioniert den Schreib-/Lesekopf auf den angegebenen Zylinder, dabei werden keine Daten übertragen.

Aufruf mit:

AH   = 0CH
CH   = unteren 8 Bits der Zylindernummer
CL   = oberen 2 Bits der Zylindernummer in Bits 6-7
DH   = Kopf
DL   = Laufwerk
       80H-FFH   Festplatte

Rückgabewerte:

Bei erfolgreicher Durchführung:
Übertragsbit zurückgesetzt
AH   = 00H

Bei nicht erfolgreicher Durchführung:
Übertragsbit gesetzt
AH   = Status (s. Int 13H Funktion 01H)

Bemerkungen:

- Diese Funktion unterstützt nur Festplatten.

- Die obersten zwei Bits der 10-Bit Zylindernummer werden in den obersten zwei Bits des Registers CL gehalten.

- Die Funktionen Sektoren lesen, lange Sektoren lesen, Sektoren schreiben und lange Sektoren schreiben führen implizit eine Positionieroperation durch und brauchen diese Funktion nicht explizit aufzurufen.

Int 13H Funktion 0DH   [PC] [AT] [PS/2]
Festplattensystem zurücksetzen

Führt ein Zurücksetzen des Laufwerkcontrollers durch, rekalibriert die angeschlossenen Laufwerke (der Schreib-/Lesekopf wird auf Zylinder 0 positioniert) und bereitet das System auf Laufwerkszugriffe vor.

Aufruf mit:

```
AH       = 0DH
DL       = Laufwerk
           80H-FFH     Festplatte
```

Rückgabewerte:

Bei erfolgreicher Durchführung:
Übertragsbit zurückgesetzt
AH   = 00H

Bei nicht erfolgreicher Durchführung:
Übertragsbit gesetzt
AH   = Status (s. Int 13H Funktion 01H)

Bemerkungen:

- Diese Funktion unterstützt nur Festplatten. Sie unterscheidet sich von der Int 13H Funktion 00H dadurch, daß sie die Controller der Floppy-Laufwerke nicht zurücksetzt.

Int 13H Funktion 0EH   [PC]
Sektorenpuffer lesen

Überträgt den internen Sektorenpuffer des Festplattenadapters in
den Systemspeicher. Es werden keine Daten physisch vom Laufwerk gelesen.

Aufruf mit:

    AH   = 0EH
    ES:BX   = Segment:Relativadresse eines Puffers

Rückgabewerte:

Bei erfolgreicher Durchführung:
Übertragsbit zurückgesetzt

Bei nicht erfolgreicher Durchführung:
Übertragsbit gesetzt
AH   = Status (s. Int 13H Funktion 01H)

Bemerkungen:

- Diese Funktion wird nur von den Festplattenadaptern bei
  PC/XTs unterstützt. Bei den Adaptern in PC/ATs und PS/2s ist
  sie nicht definiert.

Int 13H Funktion 0FH   [PC]
Sektorenpuffer schreiben

Überträgt Daten aus dem Systemspeicher in den internen Sektorenpuffer des Festplattenadapters. Es werden keine Daten physisch auf
das Laufwerk geschrieben.

Aufruf mit:

    AH   = 0FH
    ES:BX   = Segment:Relativadresse eines Puffers

Rückgabewerte:

Bei erfolgreicher Durchführung:
Übertragsbit zurückgesetzt

Bei nicht erfolgreicher Durchführung:
Übertragsbit gesetzt
AH   = Status (s. Int 13H Funktion 01H)

Bemerkungen:

- Diese Funktion wird nur von den Festplattenadaptern bei PC/XTs unterstützt. Bei den Adaptern in PC/ATs und PS/2s ist sie nicht definiert.

- Diese Funktion sollte vor dem Formatieren des Laufwerks mit Int 13H Funktion 05H, zum Initialisieren des Sektorenpuffers, aufgerufen werden.

Int 13H Funktion 10H   [PC] [AT] [PS/2]
Laufwerksstatus feststellen

Prüft, ob das angegebene Festplattenlaufwerk betriebsbereit ist und gibt den Status des Laufwerks zurück.

Aufruf mit:

AH   = 10H
DL   = Laufwerk
        80H-FFH   Festplatte

Rückgabewerte:

Bei erfolgreicher Durchführung:
Übertragsbit zurückgesetzt
AH   = 00H

Bei nicht erfolgreicher Durchführung:
Übertragsbit gesetzt
AH   = Status (s. Int 13H Funktion 01H)

Bemerkungen:

- Diese Funktion unterstützt nur Festplatten.

Int 13H Funktion 11H   [PC] [AT] [PS/2]
Laufwerk neu kalibrieren

Kalibriert das Festplattenlaufwerk neu, positioniert den Schreib-/Lesekopf auf Zylinder 0 und gibt den Laufwerksstatus zurück.

<u>Aufruf mit:</u>

```
AH       = 11H
DL       = Laufwerk
           80H-FFH      Festplatte
```

<u>Rückgabewerte:</u>

Bei erfolgreicher Durchführung:
Übertragsbit zurückgesetzt
AH   = 00H

Bei nicht erfolgreicher Durchführung:
Übertragsbit gesetzt
AH   = Status (s. Int 13H Funktion 01H)

<u>Bemerkungen:</u>

- Diese Funktion unterstützt nur Festplatten.

Int 13H Funktion 12H   [PC]
Controller RAM-Diagnose

Veranlaßt den Festplattenadapter eine eingebaute Diagnose des internen Sektorenpuffers durchzuführen und gibt das Ergebnis zurück.

<u>Aufruf mit:</u>

```
AH       = 12H
```

<u>Rückgabewerte:</u>

Bei erfolgreicher Durchführung:
Übertragsbit zurückgesetzt

Bei nicht erfolgreicher Durchführung:
Übertragsbit gesetzt
AH   = Status (s. Int 13H Funktion 01H)

<u>**Bemerkungen:**</u>

- Diese Funktion wird nur von PC/XT Festplatten unterstützt.

Int 13H Funktion 13H   [PC]
Controller Laufwerksdiagnose

Veranlaßt den Festplattenadapter, eine eingebaute Diagnose des angeschlossenen Laufwerks durchzuführen und gibt das Ergebnis zurück.

<u>**Aufruf mit:**</u>

    AH   = 13H

<u>**Rückgabewerte:**</u>

Bei erfolgreicher Durchführung:
Übertragsbit zurückgesetzt

Bei nicht erfolgreicher Durchführung:
Übertragsbit gesetzt
AH   = Status (s. Int 13H Funktion 01H)

<u>**Bemerkungen:**</u>

- Diese Funktion wird nur von PC/XT Festplatten unterstützt.

Int 13H Funktion 14H   [PC] [AT] [PS/2]
Controller Interndiagnose

Veranlaßt den Festplattenadapter einen eingebauten Diagnoseselbsttest durchzuführen und gibt das Ergebnis zurück.

<u>**Aufruf mit:**</u>

    AH   = 14H

<u>**Rückgabewerte:**</u>

Bei erfolgreicher Durchführung:
Übertragsbit zurückgesetzt

Bei nicht erfolgreicher Durchführung:
Übertragsbit gesetzt
AH   = Status (s. Int 13H Funktion 01H)

Bemerkungen:

- Diese Funktion wird nur mit Festplatte unterstützt.

Int 13H Funktion 15H   [AT] [PS/2]
Laufwerkstyp feststellen

Gibt den Laufwerkstyp zurück, der unter dem angegebenen Laufwerkscode angesprochen wird.

Aufruf mit:

AH   = 15H
DL   = Laufwerk
        00H-7FH   Floppy-Laufwerk
        80H-FFH   Festplatte

Rückgabewerte:

Bei erfolgreicher Durchführung:
Übertragsbit zurückgesetzt
AH   = Laufwerkstyp
    00H, wenn kein Laufwerk vorhanden
    01H, bei Diskettenlaufwerk mit Wechselerkennung
    02H, bei Diskettenlaufwerk ohne Wechselerkennung
    03H, bei Festplatte

und Festplatte (AH=03H):
CX:DX   = Anzahl von 512-Byte Sektoren

Bei nicht erfolgreicher Durchführung:
Übertragsbit gesetzt
AH   = Status (s. Int 13H Funktion 01H)

Bemerkungen:

- Diese Funktion wird auf PCs und PC/XTs nicht unterstützt.

Int 13H Funktion 16H   [AT] [PS/2]
Diskettenwechsel feststellen

Gibt den Status der Wechselleitung zurück und gibt damit Auskunft darüber, ob die Diskette seit dem letzten Zugriff ausgetauscht wurde.

Aufruf mit:

```
AH        = 16H
DL        = Laufwerk
          00H-7FH      Floppy-Laufwerk
```

Rückgabewerte:

Wenn Wechselleitung inaktiv (Diskette wurde nicht gewechselt):
Übertragsbit zurückgesetzt
```
AH        = 00H
```

Wenn Wechselleitung aktiv (Diskette wurde gewechselt):
Übertragsbit gesetzt
```
AH        = 06H
```

Bemerkungen:

- Wenn die Funktion ein gesetztes Übertragsbit zurückgibt, muß die Diskette nicht unbedingt gewechselt worden sein. Es genügt das Öffnen und Schließen der Laufwerksverriegelung, ohne die Diskette zu entnehmen.

- Diese Funktion unterstützt nicht die Diskettenlaufwerke in PCs oder PC/XTs.

Int 13H Funktion 17H   [AT] [PS/2]
Diskettentyp festlegen

Legt den Typ der Diskette im angegebenen Laufwerk fest.

Aufruf mit:

```
AH        = 17H
```

AL   = Diskettentypcode
          00H   unbenutzt
          01H   320/360 KB Diskette in 360 KB Laufwerk
          02H   320/360 KB Diskette in 1.2 MB Laufwerk
          03H   1.2 MB Diskette in 1.2 MB Laufwerk
          04H   720 KB Diskette in 720 KB Laufwerk

DL   = Laufwerk
          00H-7FH   Floppy-Laufwerk

Rückgabewerte:

Bei erfolgreicher Durchführung:
Übertragsbit zurückgesetzt
AH   = 00H

Bei nicht erfolgreicher Durchführung:
Übertragsbit gesetzt
AH   = Status (s. Int 13H Funktion 01H)

Bemerkungen:

- Diese Funktion unterstützt nicht die Diskettenlaufwerke in PCs oder PC/XTs.

- Ist die Wechselleitung des angegebenen Laufwerks aktiv, wird es zurückgesetzt. Dann setzt ROM-BIOS die Datenrate und den Medientyp für das Laufwerk.

Int 13H Funktion 18H   [AT] [PS/2]
Medientyp zum Formatieren setzen

Legt die Mediencharakteristik für das angegebene Laufwerk fest.

Aufruf mit:

AH   = 18H
CH   = Anzahl Zylinder
CL   = Sektoren pro Spur
DL   = Laufwerk
          00H-7FH   Floppy-Laufwerk

<u>**Rückgabewerte:**</u>

Bei erfolgreicher Durchführung:
Übertragsbit zurückgesetzt
AH   = 00H
ES:DI   = Segment:Relativadresse der Parametertabelle für
           den Medientyp

Bei nicht erfolgreicher Durchführung:
Übertragsbit gesetzt
AH   = Status (s. Int 13H Funktion 01H)

<u>**Bemerkungen:**</u>

- Es muß eine Diskette im Laufwerk eingelegt sein.

- Vor dem Formatieren einer Diskette mit Int 13H Funktion 05H, sollte diese Funktion aufgerufen werden, so daß ROM-BIOS die Datenrate korrekt einstellen kann.

- Ist die Wechselleitung des angegebenen Laufwerks aktiv, wird es zurückgesetzt.

Int 13H Funktion 19H   [PS/2]
Köpfe parken

Bewegt die Schreib-/Leseköpfe auf eine Spur, die nicht zur Datenspeicherung benutzt wird. Damit wird ein Datenverlust vermieden, wenn das Laufwerk ausgeschaltet wird.

<u>**Aufruf mit:**</u>

AH   = 19H
DL   = Laufwerk
          80H-FFH   Festplatte

<u>**Rückgabewerte:**</u>

Bei erfolgreicher Durchführung:
Übertragsbit zurückgesetzt
AH   = 00H

Bei nicht erfolgreicher Durchführung:
Übertragsbit gesetzt
AH   = Status (s. Int 13H Funktion 01H

- Diese Funktion ist nur für PS/2 Festplatten definiert.

Int 13H Funktion 1AH [PS/2]
ESDI-Laufwerk formatieren

Initialisiert Sektoren und Adressfelder auf dem Laufwerk, daß am ESDI-Festplattenadapter/A angeschlossen ist.

Aufruf mit:

AH   = 1AH
AL   = relative Blockadressen (RBA) Fehlerlistenzähler
          0, wenn RBA-Tabelle benutzt werden soll
          >0, wenn keine RBA-Tabelle benutzt werden soll

CL   = Modifikationsbits für die Formatierung
          Bit(s)   Bedeutung (wenn gesetzt)
          0   primäre Fehlertabelle ignorieren
          1   sekundäre Fehlertabelle ignorieren
          2   sekundäre Fehlertabelle aktualisieren
          *   (s. Bemerkungen)*
          3   erweiterte Oberflächenanalyse durchführen
          4   periodischen Interrupt erzeugen
          *   (s. Bemerkungen)*
          5-7   Reserviert (muß 0 sein)

DL   = Laufwerk
          80-FFH Festplatte

ES:BX   Segment:Relativadresse der RBA-Tabelle

Rückgabewerte:

Bei erfolgreicher Durchführung:
Übertragsbit zurückgesetzt
AH   = 00H

Bei nicht erfolgreicher Durchführung:
Übertragsbit gesetzt
AH   = Status (s. Int 13H Funktion 01H)

<u>Bemerkungen:</u>

- Diese Operation wird auch als "low level" Formatierung be-
  zeichnet. Sie bereitet die Platte für Schreib-/Lesezugriffe auf
  Sektorenebene vor. Das Laufwerk muß nachher mit dem
  FDISK-Kommando partitioniert werden und kann dann mit dem
  FORMAT-Kommando, das auch das Dateisystem installiert,
  formatiert werden.

- Ist Bit 4 von Register CL gesetzt, wird nach dem Formatieren
  oder Analysieren jedes Zylinders die Routine Int 15H mit
  AH=0FH und AL=Phasencode aufgerufen. Der Phasencode ist
  wie folgt definiert:

  0=Reserviert
  1=Oberflächenanalyse
  2=Formatierung
  Lesen Sie hierzu auch Int 15H Funktion 0FH.

- Ist Bit 2 von Register CL gesetzt, wird die sekundäre Fehlerliste
  mit den während der Oberflächenanalyse auftretenden Fehlern
  aktualisiert. Sind die Bits 2 und 1 gesetzt, wird die sekundäre
  Fehlerliste ersetzt.

- Für eine erweiterte Oberflächenanalyse sollte die Platte zunächst
  mit dieser Funktion formatiert (Bit 3 beim Aufruf zurückgesetzt)
  und anschließend analysiert werden (Bit 3 beim Aufruf gesetzt).

Int 14H Funktion 00H [PC] [AT] [PS/2]
Kommunikationsport initialisieren

Initialisiert den seriellen Kommunikationsport mit Werten für
Baudrate, Parität, Wortlänge und Anzahl Stop-Bits.

<u>Aufruf mit:</u>

```
AH      = 00H
AL      = Parameter zur Initialisierung (s. Bemerkungen)
DX      = Nummer des Kommunikationsports (0=COM1,
          1=COM2, usw.)
```

Rückgabewerte:

AH   = Portstatus

Bit   Bedeutung (wenn gesetzt)
7   Time-out eingetreten
6   Sende-Schieberegister leer
5   Sende-Halteregister leer
4   Unterbrechung aufgetreten
3   Rahmenfehler aufgetreten
2   Paritätsfehler aufgetreten
1   Überlauffehler aufgetreten
0   Empfangsdaten bereit

AL   = Modemstatus

Bit   Bedeutung (wenn gesetzt)
7   Signal an der Empfangsleitung
6   Ring-Indikator
5   Datenendgerät bereit
4   Sendebereit
3   Änderung des Empfangssignals
2   Abschließende Flanke aufgetreten
1   Änderung des Datenendgerätestatus
*   (Bit 5)*
0   Änderung des Sendestatus (Bit 4)

Bemerkungen:

- Das Byte zur Parameterinitialisierung ist wie folgt definiert:

7 6 5	*4 3*	*2*	*1 0*
Baudrate	*Parität*	*Stop-Bits*	*Wortlänge*
000 = 110	X0 = keine	0 = 1 Bit	10 = 7 Bits
001 = 150	01 = ungerade	1 = 2 Bits	11 = 8 Bits
010 = 300	11 = gerade		
011 = 600			
100 = 1200			
101 = 2400			
110 = 4800			
111 = 9600			

- Um den seriellen Port beim PS/2 auf größere Übertragungsraten als 9600 Baud einzustellen, können die Int 14H Funktionen 04H und 05H benutzt werden.

Int 14H Funktion 01H   [PC] [AT] [PS/2]
Zeichen auf den Kommunikationsport schreiben

Schreibt ein Zeichen auf den angegebenen Kommunikationsport und
gibt den aktuellen Status zurück.

Aufruf mit:

AH	= 01H
AL	= Zeichen
DX	= Nummer des Kommunikationsports (0=COM1, 1=COM2, usw.)

Rückgabewerte:

Bei erfolgreicher Durchführung:

AH   = 0 (Bit 0)
AH   = Portstatus (Bits 0-6)

Bit	*Bedeutung (wenn gesetzt)*
6	*Sende-Schieberegister leer*
5	*Sende-Halteregister leer*
4	*Unterbrechung aufgetreten*
3	*Rahmenfehler aufgetreten*
2	*Paritätsfehler aufgetreten*
1	*Überlauffehler aufgetreten*
0	*Empfangsdaten bereit*

AL   = Zeichen (unverändert)

Bei nicht erfolgreicher Durchführung:
AH   = 1 (Bit 7)
AL   = Zeichen (unverändert)

Int 14H Funktion 02H   [PC] [AT] [PS/2]
Zeichen vom Kommunikationsport lesen

Liest ein Zeichen vom angegebenen Kommunikationsport und gibt
den aktuellen Portstatus zurück.

Aufruf mit:

AH	= 02H
DX	= Nummer des Kommunikationsports (0=COM1, 1=COM2, usw.)

Rückgabewerte:

Bei erfolgreicher Durchführung:
AH   = 0 (Bit 7)
AH   = Portstatus (Bit 0-6)

    Bit   Bedeutung (wenn gesetzt)
    4   Unterbrechung aufgetreten
    3   Rahmenfehler aufgetreten
    2   Paritätsfehler aufgetreten
    1   Überlauffehler aufgetreten
    0   Empfangsdaten bereit

AL   = Zeichen

Bei nicht erfolgreicher Durchführung (Time-out):
AH   = 1 (Bit 7)

Int 14H Funktion 03H   [PC] [AT] [PS/2]
Kommunikationsportstatus feststellen

Gibt den Status des angegebenen Kommunikationsports zurück.

Aufruf mit:

AH   = 03H
DX   = Nummer des Kommunikationsports (0=COM1,
        1=COM2, usw.)

Rückgabewerte:

AH   = Portstatus (s. Int 14H Funktion 00H)
AL   = Modemstatus (s. Int 14H Funktion 00H)

Int 14H Funktion 04H   [PS/2]
Kommunikationsport erweitert initialisieren

Initialisiert einen seriellen Kommunikationsport mit Werten für
Baudrate, Parität, Wortlänge und Anzahl Stop-Bits. Diese Funktion
bietet eine Obermenge der in Int 14H Funktion 00H gebotenen
Möglichkeiten für PS/2 Maschinen.

<u>**Aufruf mit:**</u>

AH   = 04H
AL   = Unterbrechungszeichen
             00H keine Unterbrechung
             01H Unterbrechung

BH   = Parität
             00H keine
             01H ungerade
             02H gerade
             03H
             04H

BL   = Stop-Bits
             00H 1 Stop-Bit
             01H 2 Stop-Bits, wenn Wortlänge = 6-8 Bits
             02H 1.5 Stop-Bits, wenn Wortlänge = 5 Bits

CH   = Wortlänge
             00H 5 Bits
             01H 6 Bits
             02H 7 Bits
             03H 8 Bits

CL   = Baudrate
             00H 110 Baud
             01H 150 Baud
             02H 300 Baud
             03H 600 Baud
             04H 1200 Baud
             05H 2400 Baud
             06H 4800 Baud
             07H 9600 Baud
             08H 19200 Baud

DX   = Nummer des Kommunikationsports (0=COM1,
             1=COM2, usw.)

<u>**Rückgabewerte:**</u>

AH   = Portstatus (s. Int 14H Funktion 00H)
AL   = Modemstatus (s. Int 14H Funktion 00H)

Int 14H Funktion 05H [PS/2]
Erweiterte Kommunikationsportkontrolle

Liest oder füllt das Modemkontrollregister (MCR) des angegebenen
Kommunikationsports.

Aufruf mit:

AH   = 05H
AL   = Unterfunktion
         00H zum Lesen des Modemkontrollregisters
         01H zum Schreiben des Modemkontrollregisters
BL   = Inhalt des Modemkontrollregisters
         (wenn AL=01H)

Bit(s)	*Bedeutung*
0	*Datenendgerät bereit*
1	*Sendeanforderung*
2	*Out1*
3	*Out2*
4	*Schleife (zum Testen)*
5-7	*Reserviert*

DX   = Nummer des Kommunikationsports (0=COM1,
         1=COM2, usw.)

Rückgabewerte:

Wenn der Aufruf mit AL=00H erfolgte:
BL   = Inhalt des Modemkontrollregisters (s. o.)

Wenn der Aufruf mit AL=01H erfolgte:
AH   = Portstatus (s. Int 14H Funktion 00H)
AL   = Modemstatus (s. Int 14H Funktion 00H)

Int 15H Funktion 00H [PC]
Kassettenmotor einschalten

Schaltet den Motor des Kassettenlaufwerks an.

Aufruf mit:

AH   = 00H

<u>Rückgabewerte:</u>

Bei erfolgreicher Durchführung:
Übertragsbit zurückgesetzt

Bei nicht erfolgreicher Durchführung:
Übertragsbit gesetzt
AH   = Status
           86H, wenn Kassettenlaufwerk nicht vorhanden

<u>Bemerkungen:</u>

- Diese Funktion gibt es nur bei PCs. Beim PC/XT und allen folgenden Modellen wird sie nicht unterstützt.

Int 15H Funktion 01H   [PC]
Kassettenmotor ausschaltcn

Schaltet den Motor des Kassettenlaufwerks aus.

<u>Aufruf mit:</u>

AH   = 01H

<u>Rückgabewerte:</u>

Bei erfolgreicher Durchführung:
Übcrtragsbit zurückgesetzt

Bei nicht erfolgreicher Durchführung:
Übertragsbit gesetzt
AH   = Status
           86H, wenn Kassettenlaufwerk nicht vorhanden

<u>Bemerkungen:</u>

- Diese Funktion gibt es nur bei PCs. Beim PC/XT und allen folgenden Modellen wird sie nicht unterstützt.

Int 15H Funktion 02H [PC]
Von Kassette lesen

Liest einen oder mehrere 256-Byte Datenblöcke vom Kassettenlaufwerk in den Speicher.

Aufruf mit:

```
AH       = 02H
CX       = Anzahl der zu lesenden Bytes
ES:BX    = Segment:Relativadresse eines Puffers
```

Rückgabewerte:

Bei erfolgreicher Durchführung:
Übertragsbit zurückgesetzt
```
DX       = Anzahl der tatsächlich gelesenen Bytes
ES:BX    = Segment:Relativadresse + 1 des letzten gelesenen
           Bytes
```

Bei nicht erfolgreicher Durchführung:
Übertragsbit gesetzt
```
AH       = Status
```
01H CRC-Fehler
02H Bit Signale beschädigt
04H keine Daten gefunden
80H falsches Kommando
86H Kassettenlaufwerk nicht vorhanden

Bemerkungen:

- Diese Funktion gibt es nur bei PCs. Beim PC/XT und allen
  folgenden Modellen wird sie nicht unterstützt.

Int 15H Funktion 03H [PC]
Auf Kassette schreiben

Schreibt einen oder mehrere 256-Byte Datenblöcke aus dem Speicher auf das Kassettenlaufwerk.

Aufruf mit:

```
AH       = 03H
CX       = Anzahl der zu schreibenden Bytes
ES:BX    = Segment:Relativadresse eines Puffers
```

<u>**Rückgabewerte:**</u>

Bei erfolgreicher Durchführung:
Übertragsbit zurückgesetzt
CX   = 00H
ES:BX   = Segment:Relativadresse + 1 des letzten
               geschriebenen Bytes

Bei nicht erfolgreicher Durchführung:
Übertragsbit gesetzt
AH   = Status
               80H falsches Kommando
               86H Kassettenlaufwerk nicht vorhanden

<u>**Bemerkungen:**</u>

- Diese Funktion gibt es nur bei PCs. Beim PC/XT und allen
  folgenden Modellen wird sie nicht unterstützt.

Int 15H Funktion 0FH   [PS/2]
Periodischer Interrupt beim Formatieren eines
ESDI-Laufwerks

Das ROM-BIOS des ESDI-Festplattenadapters/A löst bei der
Formatierung oder der Oberflächenanalyse nach der Bearbeitung
eines Zylinders diesen Interrupt aus.

<u>**Aufruf mit:**</u>

AH   = 0FH
AL   = Phasencode
               0 = Reserviert
               1 = Oberflächenanalyse
               2 = Formatierung

<u>**Rückgabewerte:**</u>

Wenn mit der Formatierung oder der Oberflächenanalyse fort-
gefahren werden soll:
Übertragsbit zurückgesetzt

Wenn die Formatierung oder die Oberflächenanalyse abge-
brochen werden soll:
Übertragsbit gesetzt

<u>**Bemerkungen:**</u>

- Dieser Funktionsaufruf kann durch ein Programm übernommen werden, so daß es erfährt, wenn ein Zylinder formatiert oder analysiert wurde. Das Programm kann die Interrupts zählen, um festzustellen welcher Zylinder gerade bearbeitet wird.

- Die Standardroutine des ROM-BIOS für diese Funktion gibt immer ein gesetztes Übertragsbit zurück.

Int 15H Funktion 21H   [PS/2]
Unterfunktion 00H
POST-Fehlerliste lesen

Gibt Auskunft über Fehler, die beim letzten Selbsttest des Systems aufgetreten sind (POST = power-on self-test).

<u>**Aufruf mit:**</u>

```
AH      = 21H
AL      = 00H
```

<u>**Rückgabewerte:**</u>

Bei erfolgreicher Durchführung:
Übertragsbit zurückgesetzt
```
AH        = 00H
BX        = Anzahl der gespeicherten POST-Fehler
ES:DI     = Segment:Relativadresse der POST-Fehlerliste
```

Bei nicht erfolgreicher Durchführung:
Übertragsbit gesetzt
```
AH        = Status
```
        80H = falsches Kommando
        86H = Funktion wird nicht unterstützt

<u>**Bemerkungen:**</u>

- Die Fehlerliste besteht aus Ein-Wort Einträgen. Das erste Byte eines Eintrags gibt den Gerätefehlercode an, das zweite ist die Gerätekennung.

- Diese Funktion gibt es nicht bei den PS/2 Modellen 25 und 30.

86

Int 15H Funktion 21H [PS/2]
Unterfunktion 01H
POST-Fehlerliste schreiben

Fügt der POST-Fehlerliste einen Eintrag hinzu (POST = power-on
self-test).

Aufruf mit:

```
AH      = 21H
AL      = 01H
BH      = Gerätekennung
BL      = Gerätefehlercode
```

Rückgabewerte:

Bei erfolgreicher Durchführung:
Übertragsbit zurückgesetzt
AH   = 00H

Bei nicht erfolgreicher Durchführung:
Übertragsbit gesetzt
AH   = Status
       01H = Fehlerliste voll
       80II = falsches Kommando
       86H = Funktion wird nicht unterstützt

Berkungen:

- Diese Funktion gibt es nicht bei den PS/2 Modellen 25 und 30.

Int 15H Funktion 4FH [PS/2]
Tastatur abfragen

Diese Funktion wird bei jedem Tastendruck durch die ROM-BIOS
Int 09H Tastaturinterrupt-Behandlungsroutine aufgerufen.

Aufruf mit:

```
AH      = 4FH
AL      = Abfragecode
```

Rückgabewerte:

Wenn Abfragecode entnommen:
Übertragsbit zurückgesetzt

Wenn Abfragecode nicht entnommen:
Übertragsbit gesetzt
AL   = unverändert oder neuer Abfragecode

Bemerkungen:

- Ein Betriebssystem oder ein residentes Hilfsprogramm kann
  diese Funktion übernehmen, um den unbearbeiteten Datenstrom
  von der Tastatur zu filtern. Die neue Routine kann einen Abfragecode ersetzen, ihn unverändert zurückgeben oder das Übertragsbit zurückgesetzt zurückgeben, womit der Tastendruck gelöscht wird. Die ROM-BIOS Standardroutine gibt den Abfragecode unverändert zurück.

- Ein Programm kann mit der Int 15H Funktion 0CH feststellen,
  ob das ROM-BIOS des Rechners das Abfangen der Tastatur
  unterstützt.

Int 15H Funktion 80H [AT] [PS/2]
Gerät öffnen

Belegt ein logisches Gerät für einen Prozess.

Aufruf mit:

    AH   = 80H
    BX   = Geräte-ID
    CX   = Prozess-ID

Rückgabewerte:

Bei erfolgreicher Durchführung:
Übertragsbit zurückgesetzt
AH   = 00H

Bei nicht erfolgreicher Durchführung:
Übertragsbit gesetzt
AH   = Status

- Dieser Funktionsaufruf definiert zusammen mit den Int 15H Funktionen 81H und 82H ein einfaches Protokoll, das die verteilte Nutzung von Geräten durch mehrere Prozesse erlaubt. Eine Multitasking-Programmverwaltung kann Int 15H übernehmen und den erforderlichen Service bereitstellen. Die Standard BIOS-Routine für diese Funktion gibt das zurückgesetzte Übertragsbit und AH=00H zurück.

Int 15H Funktion 81H   [AT] [PS/2]
Gerät schließen

Gibt ein logisches Gerät wieder frei.

Aufruf mit:

    AH   = 81H
    BX   = Geräte-ID
    CX   = Prozess-ID

Rückgabewerte:

Bei erfolgreicher Durchführung:
Übertragsbit zurückgesetzt
AH   = 00H

Bei nicht erfolgreicher Durchführung:
Übertragsbit gesetzt
AH   = Status

Bemerkungen:

- Eine Multitasking-Programmverwaltung kann Int 15H übernehmen und den erforderlichen Service bereitstellen. Die Standard ROM-BIOS-Routine für diese Funktion gibt das zurückgesetzte Übertragsbit und AH=00H zurück. Lesen Sie hierzu auch Int 15H Funktion 80H und 82H.

Int 15H Funktion 82H [AT] [PS/2]
Prozess beenden

Gibt die für den Prozess belegten logischen Geräte wieder frei.

Aufruf mit:

```
AH      = 82H
BX      = Prozess-ID
```

Rückgabewerte:

Bei erfolgreicher Durchführung:
Übertragsbit zurückgesetzt
AH   = 00H

Bei nicht erfolgreicher Durchführung:
Übertragsbit gesetzt
AH   = Status

Bemerkungen:

- Eine Multitasking-Programmverwaltung kann Int 15H übernehmen und den erforderlichen Service bereitstellen. Die Standard ROM-BIOS-Routine für diese Funktion gibt das zurückgesetzte Übertragsbit und AH=00H zurück. Lesen Sie hierzu auch
  Int 15H Funktion 80H und 81H.

Int 15H Funktion 83H [AT] [PS/2]
Auf ein Ereignis warten

Fordert das Setzen eines Semaphor-Bytes nach einem angegebenen
Zeitintervall an, oder nimmt eine bestehende Anforderung zurück.

Aufruf mit:

Bei Anforderung eines Ereignisses:
AH   = 83H
AL   = 00H
CX:DX   = Mikrosekunden
ES:BX   = Sekunden:Relativadresse des Semaphor-Bytes

Bei Zurücknehmen einer Anforderung:
AH   = 83H
AL   = 01H

<u>**Rückgabewerte:**</u>

Bei erfolgreicher Durchführung und Aufruf mit AL=00H:
Übertragsbit zurückgesetzt

Bei nicht erfolgreicher Durchführung (Anforderung bereits aktiv)
und Aufruf mit AL=00H:
Übertragsbit gesetzt

Bei Aufruf mit AL=01H
Keine

<u>**Bemerkungen:**</u>

- Die Rückkehr aus der Funktion erfolgt sofort. War der Aufruf erfolgreich, wird Bit 7 des Semaphor-Bytes, nach Ablauf des angegebenen Zeitintervalls, gesetzt. Das aufrufenden Programm ist dafür verantwortlich, daß das Semaphor-Byte vor dem Funktionsaufruf gelöscht wird.

- Die Dauer einer Warteoperation ist immer ein ganzes Vielfaches von 976 Mikrosekunden. Die Unterbrechungen des CMOS-Uhrenchips werden für die Implementierung dieser Funktion benutzt.

- Diese Funktion erlaubt programmierte, hardwareunabhängige Verzögerungen, mit einer feineren Auflösung, als sie die MS-DOS Uhrzeit-Funktion (Int 21H Funktion 2CH, die die Zeit in hundertstel Sekunkden liefert) bieten kann.

- Lesen Sie auch Int 15H Funktion 86H. Diese Funktion unterbricht die Programmausführung für einen angegebenen Zeitraum (in Millisekunden).

- Diese Funktion wird auf den PS/2 Modellen 25 und 30 nicht unterstützt.

Int 15H Funktion 84H   [AT] [PS/2]
Joystick abfragen

Gibt die Schalterstellungen des Joystick oder die Potentiometerwerte zurück.

Aufruf mit:

AH = 84H
DX = Unterfunktion
    00H zum Lesen der Schalterstellungen
    01H zum Lesen der anliegenden Widerstandswerte

Rückgabewerte:

Bei erfolgreicher Durchführung:
Übertragsbit zurückgesetzt

und Aufruf mit DX=00H:
AL = Schalterstellungen (Bits 4-7)

oder Aufruf mit DX=01H:
AX = A(x)-Wert
BX = A(y)-Wert
CX = B(x)-Wert
DX = B(y)-Wert

Bei nicht erfolgreicher Durchführung:
Übertragsbit gesetzt

Bemerkungen:

- Es wird ein Fehler zurückgegeben, wenn DX keine gültige Unterfunktionsnummer enthält.

- Ist kein Spieleadapter installiert, wird bei Unterfunktion 00H in AL der Wert 00H (alle Schalter offen) zurückgegeben; bei Unterfunktion 01H haben die Register AX, BX, CX und DX den Wert 00H.

- Bei Benutztung eines 250 KOhm Joysticks, liegen die Potentiometerwerte im Bereich 0-416 (0000-01A0H).

Int 15H Funktion 85H   [AT] [PS/2]
Systemabfragetaste gedrückt

Der ROM-BIOS Tastaturtreiber ruft diese Funktion auf, wenn die Systemabfragetaste gedrückt wurde.

Aufruf mit:

```
AH        = 85H
AL        = Tastenstatus
          00H, wenn die Taste gedrückt wurde
          01H, wenn die Taste wieder losgelassen wurde
```

Rückgabewerte:

Bei erfolgreicher Durchführung:
Übertragsbit zurückgesetzt
```
AH        = 00H
```

Bei nicht erfolgreicher Durchführung:
Übertragsbit gesetzt
```
AH        = Status
```

Bemerkungen:

- Die ROM-BIOS-Behandlungsroutine für diesen Funktionsaufruf
  ist eine Dummy-Routine, die immer Erfolg meldet, wenn sie mit
  einer gültigen Unterfunktionsnummer in AL aufgerufen wird.
  Eine Multitasking-Programmverwaltung kann den Int 15H übernehmen, so daß sie mitgeteilt bekommt, wenn einer der Benutzer
  die Systemabfragetaste gedrückt hat.

Int 15H Funktion 86H   [AT] [PS/2]
Verzögerung

Die laufende Programmausführung für den in Mikrosekunden angegebenen Zeitraum unterbrochen.

Aufruf mit:

```
AH        = 86H
CX:DX     = Anzahl zu wartender Mikrosekunden
```

Rückgabewerte:

Bei erfolgreicher Durchführung (Warten durchgeführt):
Übertragsbit zurückgesetzt

Bei nicht erfolgreicher Durchführung (nicht gewartet):
Übertragsbit gesetzt

Bemerkungen:

- Die Dauer einer Warteoperation ist immer ein ganzes Vielfaches von 976 Mikrosekunden.

- Diese Funktion erlaubt programmierte, hardwareunabhängige Verzögerungen, mit einer feineren Auflösung, als sie die MS-DOS Uhrzeit-Funktion (Int 21H Funktion 2CH, die die Zeit in hundertstel Sekunkden liefert) bieten kann.

- Lesen Sie auch Int 15H Funktion 83H. Diese Funktion unterbricht nicht die Programmausführung, sondern setzt nach Ablauf der Zeit ein Semaphor-Byte.

Int 15H Funktion 87H [AT] [PS/2]
Bereich aus dem erweiterten Speicher verschieben

Überträgt Daten zwischen dem konventionellen und dem erweiterten Speicher.

Aufruf mit:

```
AH        = 87H
CX        = Anzahl Worte, die zu bewegen sind
ES:DI     = Segment:Relativadresse der globalen
            Deskriptorentabelle (GDT)
```

Rückgabewerte:

Bei erfolgreicher Durchführung:
Übertragsbit zurückgesetzt
AH   = 00H

Bei nicht erfolgreicher Durchführung:
Übertragsbit gesetzt
AH   = Status
        01H RAM-Paritätsfehler
        02H Ausnahmeinterrupt
        03H Fehler bei Steueradressleitung 20

Bemerkungen:

- Der konventionelle Speicher befindet sich unterhalb der 640 KB Grenze und wird für die Ausführung von MS-DOS und Applikationsprogrammen benutzt. Der erweiterte Speicher liegt bei Adressen über 1 MB und kann nur durch die 80286 und

80386 CPUs im Protected-Modus angesprochen werden. Bis 15
MB erweiterter Speicher können in einem PC/AT oder Kompa-
tiblen installiert werden.

- Die globale Deskriptorentabelle (GDT = Global Descriptor
  Table) muß wie folgt aufgebaut sein:

Byte(s)	Inhalt
00H-0FH	Reserviert (sollte 0 sein)
10H-11H	Segmentlänge in Bytes (2*CX-1 oder größer)
12H-14H	24-Bit Quellenadresse
15H	Zugriffsberechtigung (immer 93H)
16H-17H	Reserviert (sollte 0 sein)
18H-19H	Segmentlänge in Bytes (2*CX-1 oder größer)
1AH-1CH	24-Bit Zieladresse
1DH	Zugriffsberechtigung (immer 93H)
1EH-2FH	Reserviert (sollte 0 sein)

Die Tabelle besteht aus sechs 8-Byte Deskriptoren, die von der
CPU im Protected-Modus benutzt werden. Die vier Deskriptoren in den Relativadressen 00H-0FH und 20H-2FH werden
durch ROM-BIOS vor dem Umschalten des CPU-Modus gefüllt.

- Die Adressen in der Deskriptorentabelle sind lineare (physische)
  24-Bit Adressen im Bereich 000000H-FFFFFFH (keine Seg-
  mente und Relativadressen). Das niederwertigste Byte befindet
  sich an der niedrigsten, das höherwertigste Byte an der höchsten
  Adresse.

- Die Bereichsverschiebung wird bei ausgeschalteten Interrupts
  durchgeführt. Dadurch könnten Konflikte mit Operationen in
  Kommunikationsprogrammen, Netzwerktreibern oder anderer
  Software, die auf prompte Bedienung von Hardwareinterrupts
  angewiesen sind, auftreten.

- Programme und Treiber, die mit dieser Funktion auf den erweiterten Speicher zugreifen, können nicht im Kompatibilitätsmodus von OS/2 ausgeführt werden.

- Diese Funktion wird auf den PS/2 Modellen 25 und 30 nicht
  unterstützt.

Int 15H Funktion 88H   [AT] [PS/2]
Größe des erweiterten Speichers feststellen

Gibt die Größe des im System installierten erweiterten Speichers zurück.

Aufruf mit:

AH   = 88H

Rückgabewerte:

AX   = Größe des erweiterten Speichers (in KB)

Bemerkungen:

- Der erweiterte Speicher liegt bei Adressen über 1 MB und kann nur durch die 80286 und 80386 CPUs im Protected-Modus angesprochen werden. Da MS-DOS ein Real-Modus Betriebssystem ist, kann der erweiterte Speicher nur zum Speichern von Daten und nicht zur Programmausführung genutzt werden.

- Programme und Treiber, die mit dieser Funktion auf den erweiterten Speicher zugreifen, können nicht im Kompatibilitätsmodus von OS/2 ausgeführt werden.

- Diese Funktion wird auf den PS/2 Modellen 25 und 30 nicht unterstützt.

Int 15H Funktion 89H [AT] [PS/2]
Protected-Modus einschalten

Schaltet die CPU vom Real-Modus in den Protected-Modus.

Aufruf mit:

AH	= 89H
BH	= Nummer des Interrupts für IRQ0, auf ICW2 des 8259 PIC Nr.1 geschrieben. (muß ohne Rest durch 8 teilbar sein, legt IRQ0-IRQ7 fest)
BL	= Nummer des Interrupts für IRQ8, auf ICW2 des 8259 PIC Nr.2 geschrieben. (muß ohne Rest durch 8 teilbar sein, legt IRQ8-IRQ15 fest)
ES:SI	= Segment:Relativadresse der globalen Deskriptorentabelle (GDT)

Rückgabewerte:

Bei erfolgreicher Durchführung (CPU im Protected-Modus):
Übertragsbit zurückgesetzt

AH	= 00H
CS	= Benutzerdefinierte Auswahl
DS	= Benutzerdefinierte Auswahl
ES	= Benutzerdefinierte Auswahl
SS	= Benutzerdefinierte Auswahl

Bei nicht erfolgreicher Durchführung (CPU im Real-Modus):
Übertragsbit gesetzt

AH	= FFH

Bemerkungen:

- Die globale Deskriptorentabelle muß acht Deskriptoren wie folgt enthalten:

Relativ- adresse	*Verwendung des Deskriptors*
00H	Dummy-Deskriptor (mit 0 initialisiert)
08H	Globale Deskriptorentabelle (GDT)
10H	Interrupt Deskriptorentabelle (IDT)
18H	Datensegment des Benutzers (DS)
20H	Extrasegment des Benutzers (ES)
28H	Stacksegment des Benutzers (SS)
30H	Codesegment des Benutzers (CS)
38H	BIOS Codesegment

Der Benutzer muß die ersten sieben Deskriptoren initialisieren. Der achte wird durch ROM-BIOS gefüllt, um sich selbst für die Ausführung adressieren zu können. Das aufrufende Programm kann, nach der Rückkehr aus diesem Funktionsaufrufden, den achten Deskriptor für einen anderen Zweck modifizieren.

- Diese Funktion wird auf den PS/2 Modellen 25 und 30 nicht unterstützt.

Int 15H Funktion 90H   [AT] [PS/2]
Auf ein Gerät warten

Diese Funktion wird von den ROM-BIOS Festplatten-, Floppylaufwerks-, Drucker-, Netzwerk- und Tastaturtreibern aufgerufen, bevor eine programmierte Schleife, die auf das Ende einer E/A-Operation wartet, ausgeführt wird.

Aufruf mit:

AH	= 90H
AL	= Gerätetyp

      00H-7FH   *Seriell wiederbenutzbare Geräte*

      80H-BFH   *Eintrittsinvariante Geräte
(reentrant)*

      C0H-FFH   *Nur warten, keine zugehörige
Folgefunktion*

ES:BX = Segment:Relativadresse des Anforderungsblocks für die Gerätetypen 80H-FFH

<u>**Rückgabewerte:**</u>

Es wurde nicht gewartet (Treiber muß seinen eigenen Time-out durchführen:
Übertragsbit zurückgesetzt
AH   = 00H

Es wurde gewartet:
Übertragsbit gesetzt

<u>**Bemerkungen:**</u>

- Vordefinierte Gerätetypen sind:

00H	Platte (Time-out möglich)
01H	Floppy-Laufwerk (Time-out möglich)
02H	Tastatur (kein Time-out)
03H	Zeigergerät (PS/2, Time-out möglich)
80H	Netzwerk (kein Time-out)
FCH	Zurücksetzen der Festplatte (PS/2, Time-out möglich)
FDH	Motorstart des Floppy-Laufwerks (Time-out möglich)
FEH	Drucker (Time-out möglich)

Bei Netzwerkadaptern zeigt ES:BX auf einen Netzwerk-Kontrollblock (NCB).

- Eine Multitasking-Programmverwaltung kann Int 15H Funktion 90H übernehmen, so daß sie andere Tasks während der laufenden E/A-Operation auswählen kann. Die Standard BIOS-Routine für diese Funktion gibt das zurückgesetzte Übertragsbit und AH=00H zurück.

Int 15H Funktion 90H   [AT] [PS/2]
Gerät bereit

Diese Funktion wird von den ROM-BIOS Festplatten-, Floppylaufwerks-, Drucker-, Netzwerk- und Tastaturtreibern aufgerufen, um anzuzeigen, daß die E/A-Operation beendet ist und/oder das Gerät bereit ist.

```
AH       = 91H
AL       = Gerätetyp
           00H-7FH    seriell wiederbenutzbare Geräte
           80H-BFH    eintrittsinvariante Geräte
                      (reentrant)
ES:BX    = Segment:Relativadresse des Anforderungsblocks für
           die Gerätetypen 80H-FFH
```

Rückgabewerte:

```
AH       = 00H
```

Bemerkungen:

- Vordefinierte Gerätetypen, die diese Routine benutzen können sind:

```
00H        Platte (Time-out möglich)
01H        Floppy-Laufwerk (Time-out möglich)
02H        Tastatur (kein Time-out)
03H        Zeigergerät (PS/2, Time-out möglich)
80H        Netzwerk (kein Time-out)
```

- Die ROM-BIOS Druckerroutine ruft diese Funktion nicht auf, weil die Druckerausgabe nicht mit Interrupt gesteuert wird.

- Eine Multitasking-Programmverwaltung kann Int 15H Funktion 91H übernehmen, so daß sie, nach Abschluß der laufenden E/A-Operation, den aufrufenden Task wieder starten kann. Die Standard BIOS-Routine für diese Funktion gibt das zurückgesetzte Übertragsbit und AH=00H zurück.

Int 15H Funktion C0H   [AT] [PS/2]
Systemumgebung feststellen

Gibt einen Zeiger auf eine Tabelle zurück, die verschiedene Informationen über die Systemkonfiguration enthält.

Aufruf mit:

```
AH        = C0H
```

<u>**Rückgabewerte:**</u>

ES:BX   = Segment:Relativadresse der Konfigurationstabelle
          (s. Bemerkungen)

<u>**Bemerkungen:**</u>

- Die Systemkonfigurationstabelle hat folgendes Format:

Byte(s)	*Inhalt*	
00H-01H	Länge der Tabelle in Bytes	
02H	Modell des Systems (s. folgende Bemerkung)	
03H	Untermodell des Systems (s. folgende Bemerkung)	
04H	BIOS-Versionsnummer	
05H	Konfigurationsbits	
	Bit	Bedeutung (wenn gesetzt)
	7	DMA Kanal 3 wird benutzt
	6	8259 vorhanden (kaskadierter IRQ2)
	5	Echtzeituhr vorhanden
	4	Tastaturabfrage (Int 15H Funktion 4FH) möglich
	3	Warteroutine für externes Ereignis verfügbar
	2	Erweiterter BIOS Datenbereich zugewiesen
	1	Mikrokanal implementiert
	0	Reserviert

06H-09H   Reserviert

- Systemmodelle und Typenbytes sind wie folgt zugewiesen:

Maschine	*Modell-Byte*	*Untermodell-Byte*
PC	FFH	
PC/XT	FEH	
PC/XT	FBH	00H oder 01H
PCjr	FDH	
PC/AT	FCH	00H oder 01H
PC/XT-286	FCH	02H
PC Convertible	F9H	
PS/2 Modell 30	FAH	00H
PS/2 Modell 50	FCH	04H
PS/2 Modell 60	FCH	05H
PS/2 Modell 80	F8H	00H oder 01H

Int 15H Funktion C1H [PS/2]
Adresse des erweiterten BIOS-Datenbereichs feststellen

Gibt die Segmentbasisadresse des erweiterten BIOS-Datenbereichs zurück.

Aufruf mit:

    AH   = C1H

Rückgabewerte:

Bei erfolgreicher Durchführung:
Übertragsbit zurückgesetzt
ES   = Segment des erweiterten BIOS-Datenbereichs

Bei nicht erfolgreicher Durchführung:
Übertragsbit gesetzt

Bemerkungen:

- Der erweiterte BIOS-Datenbereich wird während des POST (Power-On-Self-Test) am oberen Ende des konventionellen Speichers zugewiesen. Das Wort an Speicherstelle 0040:0013H (Speichergröße) wird aktualisiert, um zu vermerken, daß MS-DOS und Applikationsprogrammen nun weniger Speicher zur Verfügung steht.

- Ein Programm kann mit Hilfe der Int 15H Funktion C0H feststellen, ob der erweiterte BIOS-Datenbereich existiert.

Int 15H Funktion C2H [PS/2]
Unterfunktion 00H
Zeigergerät an-/ausschalten

Schaltet die Systemmaus oder ein anderes Zeigergerät ein oder aus.

Aufruf mit:

    AH   = C2H
    AL   = 00H
    BH   = An/Aus-Kennzeichen
              00H = Ausschalten
              01H = Einschalten

Rückgabewerte:

Bei erfolgreicher Durchführung:
Übertragsbit zurückgesetzt
AH   = 00H

Bei nicht erfolgreicher Durchführung:
Übertragsbit gesetzt
AH   = Status
                01H, bei ungültigem Funktionsaufruf
                02H, bei ungültiger Eingabe
                03H, bei Fehler im Interface
                04H, wenn neu gesendet wurde
                05H, wenn keine Sprungadresse installiert ist

Int 15H Funktion C2H   [PS/2]
Unterfunktion 01H
Zeigergerät zurücksetzen

Setzt die Systemmaus oder ein anderes Zeigergerät zurück und setzt
Standardwerte für Abtastrate, Auflösung und andere Eigenschaften.

Aufruf mit:

AH   = C2H
AL   = 01H

Rückgabewerte:

Bei erfolgreicher Durchführung:
Übertragsbit zurückgesetzt
AH   = 00H
BH   = Geräte-ID

Bei nicht erfolgreicher Durchführung:
Übertragsbit gesetzt
AH   = Status (s. Int 15H Funktion C2H
                Unterfunktion 00H)

<u>**Bemerkungen:**</u>

- Nach dem Zurücksetzen befindet sich das Zeigergerät in folgendem Zustand:

  ausgeschaltet;
  Abtastrate von 100 Abtastungen pro Sekunde;
  Auflösung von 4 Zähleinheiten pro Millimeter;
  Maßstab 1 zu 1.

  Die Größe der Datenpakete wird durch diese Funktion nicht verändert.

- Die Applikation kann die anderen Unterfunktionen der Int 15H Funktion C2H benutzen, um eine andere Abtastrate, Auflösung oder einen anderen Maßstab zu setzen. Anschließend kann das Gerät mit Int 15H Funktion C2H Unterfunktion 00H aktiviert werden.

- Lesen Sie auch die Beschreibung der Int 15H Funktion C2H Unterfunktion 05H, die das Zeigergerät in gleicher Weise initialisiert.

Int 15H Funktion C2H [PS/2]
Unterfunktion 02H
Abtastrate setzen

Setzt die Abtastrate für die Systemmaus oder ein anderes Zeigergerät.

<u>**Aufruf mit:**</u>

```
AH      = C2H
AL      = 02H
BH      = Wert für die Abtastrate
```

00H = 10 Meldungen pro Sekunde
01H = 20 Meldungen pro Sekunde
02H = 40 Meldungen pro Sekunde
03H = 60 Meldungen pro Sekunde
04H = 80 Meldungen pro Sekunde
05H = 100 Meldungen pro Sekunde
06H = 200 Meldungen pro Sekunde

Rückgabewerte:

Bei erfolgreicher Durchführung:
Übertragsbit zurückgesetzt
AH   = 00H

Bei nicht erfolgreicher Durchführung:
Übertragsbit gesetzt
AH   = Status (s. Int 15H Funktion C2H
            Unterfunktion 00H)

Bemerkungen:

- Die Standardabtastrate, die nach dem Zurücksetzen (Int 15H
  Funktion C2H Unterfunktion 01H) eingestellt ist, beträgt 100
  Meldungen pro Sekunde.

Int 15H Funktion C2H   [PS/2]
Unterfunktion 03H
Auflösung setzen

Setzt die Auflösung der Systemmaus oder eines anderen Zeigergerätes.

Aufruf mit:

AH   = C2H
AL   = 03H
BH   = Wert für die Auflösung
            00H = 1 Zähleinheit pro Millimeter
            01H = 2 Zähleinheiten pro Millimeter
            02H = 4 Zähleinheiten pro Millimeter
            03H = 8 Zähleinheiten pro Millimeter

Rückgabewerte:

Bei erfolgreicher Durchführung:
Übertragsbit zurückgesetzt
AH   = 00H

Bei nicht erfolgreicher Durchführung:
Übertragsbit gesetzt
AH   = Status (s. Int 15H Funktion C2H
            Unterfunktion 00H)

- Die Standardauflösung, die nach dem Zurücksetzen (Int 15H Funktion C2H Unterfunktion 01H) eingestellt ist, beträgt 4 Zähleinheiten pro Millimeter.

Int 15H Funktion C2H Unterfunktion 04H Zeigergerätetyp feststellen

[PS/2]

Gibt den Identifikationscode für die Systemmaus oder ein anderes Zeigergerät zurück.

Aufruf mit:

    AH   = C2H
    AL   = 04H

Rückgabewerte:

Bei erfolgreicher Durchführung:
Übertragsbit zurückgesetzt
    AH   = 00H
    BH   = Geräte-ID

Bei nicht erfolgreicher Durchführung:
Übertragsbit gesetzt
    AH   = Status (s. Int 15H Funktion C2H
                Unterfunktion 00H)

Int 15H Funktion C2H Unterfunktion 05H Zeigergeräteinterface initialisieren

[PS/2]

Setzt die Größe der Datenpakete für die Systemmaus oder ein anderes Zeigergerät und die Standardwerte für Auflösung, Abtastrate und Maßstab.

Aufruf mit:

    AH   = C2H
    AL   = 05H
    BH   = Größe der Datenpakete in Bytes (1-8)

<u>**Rückgabewerte:**</u>

Bei erfolgreicher Durchführung:
Übertragsbit zurückgesetzt
AH   = 00H

Bei nicht erfolgreicher Durchführung:
Übertragsbit gesetzt
AH   = Status (s. Int 15H Funktion C2H
                 Unterfunktion 00H)

<u>**Bemerkungen:**</u>

-   Nach dem Zurücksetzen befindet sich das Zeigergerät in folgendem Zustand:

    ausgeschaltet;
    Abtastrate von 100 Abtastungen pro Sekunde;
    Auflösung von 4 Zähleinheiten pro Millimeter;
    Maßstab 1 zu 1.

Int 15H Funktion C2H [PS/2]
Unterfunktion 06H
Maßstab setzen oder Status feststellen

Gibt den aktuellen Status der Systemmouse oder eines anderen Zeigergerätes zurück oder setzt den Maßstab.

<u>**Aufruf mit:**</u>

AH   = C2H
AL   = 06H
BH   = Kommando
                 00H = Gerätestatus zurückgeben
                 01H = Maßstab auf 1:1 setzen
                 02H = Maßstab auf 2:1 setzen

<u>**Rückgabewerte:**</u>

Bei erfolgreicher Durchführung:
Übertragsbit zurückgesetzt
AH   = 00H

und bei Aufruf mit BH=00H:
BL   = Statusbyte
           Bit   Bedeutung
           0 = 1, wenn rechte Taste gedrückt
           1 = Reserviert
           2 = 1, wenn linke Taste gedrückt
           3 = Reserviert
           4 = 0, bei Maßstab 1:1
              = 1, bei Maßstab 2:1
           5 = 0, bei ausgeschaltetem Gerät
              = 1, bei eingeschaltetem Gerät
           6 = 0, bei Stream-Modus
              = 1, bei Remote-Modus
           7 = Reserviert

CL   = Auflösung
           00H = 1 Zähleinheit pro Millimeter
           01H = 2 Zähleinheiten pro Millimeter
           02H = 4 Zähleinheiten pro Millimeter
           03H = 8 Zähleinheiten pro Millimeter

DL   = Abtastrate
           00H = 10 Meldungen pro Sekunde
           01H = 20 Meldungen pro Sekunde
           02H = 40 Meldungen pro Sekunde
           03H = 60 Meldungen pro Sekunde
           04H = 80 Meldungen pro Sekunde
           05H = 100 Meldungen pro Sekunde
           06H = 200 Meldungen pro Sekunde

Bei nicht erfolgreicher Durchführung:
Übertragsbit gesetzt
AH   = Status (s. Int 15H Funktion C2H
            Unterfunktion 00H)

Int 15H Funktion C2H   [PS/2]
Unterfunktion 07H
Adresse der Behandlungsroutine für Zeigergeräte setzen

Übergibt ROM-BIOS die Adresse einer Routine, die immer dann angesprungen werden soll, wenn Daten vom Zeigergerät zur Verfügung stehen.

Aufruf mit:

AH   = C2H
AL   = 07H
ES:BX   = Segment:Relativadresse der Benutzerroutine

Rückgabewerte:

Bei erfolgreicher Durchführung:
Übertragsbit zurückgesetzt

Bei nicht erfolgreicher Durchführung:
Übertragsbit gesetzt
AH   = Status (s. Int 15H Funktion C2H
              Unterfunktion 00H)

Bemerkungen:

- Die Behandlungsroutine des Benutzers für die Zeigergerätedaten
  wird mit vier Parametern auf dem Stack segmentübergreifend
  angesprungen:

  SS:SP+0AH   Status
  SS:SP+08H   x-Koordinate
  SS:SP+06H   y-Koordinate
  SS:SP+04H   z-Koordinate (immer 0)

  Die Routine muß mit einem segmentübergreifenden RETURN
  abgeschlossen werden, ohne die Parameter vom Stack zu
  nehmen.

- Der Status-Parameter, der der Behandlungsroutine übergeben
  wird, ist wie folgt zu interpretieren:

Bit(s)	*Bedeutung (wenn gesetzt)*
0	Linke Taste gedrückt
1	Rechte Taste gedrückt
2-3	Reserviert
4	Vorzeichen der x-Daten ist negativ
5	Vorzeichen der y-Daten ist negativ
6	Überlauf der x-Daten
7	Überlauf der y-Daten
8-15	Reserviert

Int 15H Funktion C3H [PS/2]
Terminierungszähler setzen

Aktiviert oder deaktiviert einen Terminierungszähler.

<u>Aufruf mit:</u>

AH   = C3H
AL   = Unterfunktion
                  00H, zum Aktivieren des Zählers
                  01H, zum Deaktivieren des Zählers
BX   = Terminierungszähler

<u>Rückgabewerte:</u>

Bei erfolgreicher Durchführung:
Übertragsbit zurückgesetzt

Bei nicht erfolgreicher Durchführung:
Übertragsbit gesetzt

<u>Bemerkungen:</u>

- Der Terminierungszähler generiert einen NMI-Interrupt.

- Auf den PS/2 Modellen 25 und 30 steht diese Funktion nicht zur Verfügung.

Int 15H Funktion C4H [PS/2]
Programmierte Optionsauswahl

Gibt die Basisadresse des Registers für die programmierte Options-auswahl zurück und aktiviert einen Slot oder einen Adapter.

<u>Aufruf mit:</u>

AH   = C4H
AL   = Unterfunktion
                  00H, um die Basisadresse des POS-
                  Adapterregisters abzufragen
                  01H, um einen Slot zu aktivieren
                  02H, um einen Adapter zu aktivieren
BL   = Nummer des Slots (wenn AL=01H)

Rückgabewerte:

Bei erfolgreicher Durchführung:
Übertragsbit zurückgesetzt

und Aufruf mit AL=00H:
DX   = Basisadresse des POS-Adapterregisters

Bei nicht erfolgreicher Durchführung:
Übertragsbit gesetzt

Bemerkungen:

- Diese Funktion wird nur auf Rechnern mit der Mikrokanal-
  architektur (MCA) unterstützt.

- Nachdem ein Slot mit Unterfunktion 01H aktiviert worden ist,
  können für den Adapter in diesem Slot spezifische Informationen
  durch eine Porteingabe-Operation abgefragt werden:

Port	*Funktion*
100H	MCA ID (niederwertiges Byte)
101H	MCA ID (höherwertiges Byte)
102H	Options-Auswahlbyte 1
	Bit 0 = 1, wenn eingeschaltet,
	Bit 0 = 0, wenn ausgeschaltet
103H	Options-Auswahlbyte 2
104H	Options-Auswahlbyte 3
105H	Options-Auswahlbyte 4
	Bits 6-7 = Kanalprüfindikatoren
106H	Unteradresserweiterung (niederwertiges Byte)
107H	Unteradresserweiterung (höherwertiges Byte)

Int 16H Funktion 00H   [PC] [AT] [PS/2]
Zeichen von der Tastatur lesen

Liest ein Zeichen von der Tastatur und gibt zusätzlich den Abfragecode zurück.

Aufruf mit:

AH   = 00H

```
AH        = Tastaturabfragecode
AL        = ASCII-Zeichen
```

Int 16H Funktion 01H [PC] [AT] [PS/2]
Tastaturstatus feststellen

Gibt ein Flag zurück, ob ein Zeichen bereitsteht und gegebenenfalls auch das wartende Zeichen.

Aufruf mit:

```
AH        = 01H
```

Rückgabewerte:

Wenn ein Zeichen zur Eingabe bereit:
Nullbit zurückgesetzt
```
AH        = Tastaturabfragecode
AL        = Zeichen
```

Wenn kein Zeichen bereit:
Nullbit gesetzt

Bemerkungen:

- Das Zeichen, daß zurückgegeben wird, wenn das Nullbit zurückgesetzt ist, wird dem Eingabepuffer für die Tastatur nicht entnommen. Das gleiche Zeichen und der gleiche Abfragecode werden durch einen anschließenden Aufruf der Int 16H Funktion 00H zurückgegeben.

Int 16H Funktion 02H [PC] [AT] [PS/2]
Tastaturflags lesen

Gibt das ROM-BIOS-Flagbyte zurück, das den Status verschiedener Schalter und der Shift-Tasten angibt.

Aufruf mit:

```
AH        = 02H
```

<u>**Rückgabewerte:**</u>

AL   = Flags

        Bit   Bedeutung (wenn gesetzt)
        7   Einfügen an
        6   Caps Lock an
        5   Num Lock an
        4   Scroll Lock an
        3   Alt-Taste gedrückt
        2   Ctrl-Taste gedrückt
        1   Linke Shift-Taste gedrückt
        0   Rechte Shift-Taste gedrückt

<u>**Bemerkungen:**</u>

- Das Tastatur-Flagbyte wird im ROM-BIOS-Datenbereich bei 0000:0417H gespeichert.

Int 16H Funktion 03H   [AT] [PS/2]
Wiederholungsrate setzen

Setzt die ROM-BIOS Wiederholungsrate ("typematic") und die Verzögerung für die Tastatur.

<u>**Aufruf mit:**</u>

AH   = 03H
AL   = 05H
BH   = Verzögerung (s. Bemerkungen)
BL   = Wiederholungsrate (s. Bemerkungen)

<u>**Rückgabewerte:**</u>

Keine

<u>**Bemerkungen:**</u>

- Die Unterfunktion 05H gibt es nur auf PC/ATs mit ROM-BIOS vom 15.11.85 und später und auf PS/2 Rechnern.

- Der Wert in BH gibt die Zeitverzögerung vor dem Einsetzen der Wiederholung an. Dieser Wert ist ein Vielfaches von 250 Millisekunden:

Wert	Verzögerung (ms)
00H	250
01H	500
02H	750
03H	1000

Die Wiederholungsrate in Zeichen pro Sekunde kann aus der folgenden Tabelle ausgewählt werden:

Wert	Wiederholungsrate (Zeichen pro Sekunde)
00H	30.0
01H	26.7
02H	24.0
03H	21.8
04H	20.0
05H	18.5
06H	17.1
07H	16.0
08H	15.0
09H	13.3
0AH	12.0
0BH	10.9
0CH	10.0
0DH	9.2
0EH	8.6
0FH	8.0
10H	7.5
11H	6.7
12H	6.0
13H	5.5
14H	5.0
15H	4.6
16H	4.3
17H	4.0
18H	3.7
19H	3.3
1AH	3.0
1BH	2.7
1CH	2.5
1DH	2.3
1EH	2.1
1FH	2.0

Int 16H Funktion 05H   [AT] [PS/2]
Zeichen und Abfragecode in den Tastaturpuffer schreiben

Setzt ein Zeichen und den Abfragecode in den Tastaturpuffer.

<u>Aufruf mit:</u>

    AH   = 05H
    CH   = Abfragecode
    CL   = Zeichen

<u>Rückgabewerte:</u>

Bei erfolgreicher Durchführung:
Übertragsbit zurückgesetzt
AL   = 00H

Bei nicht erfolgreicher Durchführung (Puffer voll):
Übertragsbit gesetzt
AL   = 01H

<u>Bemerkungen:</u>

- Diese Funktion kann von Hilfsprogrammen verwendet werden, um Tasten in den Datenstrom, der durch Anwendungsprogramme gelesen wird, einzufügen.

Int 16H Funktion 10H   [AT] [PS/2]
Zeichen von der erweiterten Tastatur lesen

Liest ein Zeichen und den Abfragecode aus dem Tastaturpuffer.

<u>Aufruf mit:</u>

    AH   = 10H

<u>Rückgabewerte:</u>

    AH   = Abfragecode
    AL   = ASCII-Zeichen

Bemerkungen:

- Benutzen Sie diese Funktion anstelle von Int 16H Funktion 00H, wenn Sie eine erweiterte Tastatur besitzen. Sie erlaubt das Erkennen der Abfragecodes für die zusätzlichen Tasten F11, F12 und den Cursorblock.

Int 16H Funktion 11H   [AT] [PS/2]
Status der erweiterten Tastatur feststellen

Gibt ein Flag zurück, ob ein Zeichen bereitsteht, und gegebenenfalls auch das wartende Zeichen.

Aufruf mit:

AH   = 11H

Rückgabewerte:

Wenn ein Zeichen zur Eingabe bereit:
Nullbit zurückgesetzt
AH   = Tastaturabfragecode
AL   = Zeichen

Wenn kein Zeichen bereit:
Nullbit gesetzt

Bemerkungen:

- Benutzen Sie diese Funktion anstelle von Int 16H Funktion 01H, wenn Sie eine erweiterte Tastatur besitzen. Sie erlaubt das Erkennen der Abfragecodes für die zusätzlichen Tasten F11, F12 und den Cursorblock.

- Das Zeichen, daß zurückgegeben wird, wenn das Nullbit zurückgesetzt ist, wird dem Eingabepuffer für die Tastatur nicht entnommen. Das gleiche Zeichen und der gleiche Abfragecode werden durch einen anschließenden Aufruf der Int 16H Funktion 10H zurückgegeben.

Int 16H Funktion 12H [PC] [AT] [PS/2]
Tastaturflags lesen

Liefert den Status von verschiedenen Sondertasten der erweiterten
Tastatur und den Status des Tastaturtreibers.

Aufruf mit:

    AH   = 12H

Rückgabewerte:

    AX   = Flags
              Bit   Bedeutung (wenn gesetzt)
              00H   Rechte Shift-Taste gedrückt
              01H   Linke Shift-Taste gedrückt
              02H   Eine der Ctrl-Tasten gedrückt
              03H   Eine der Alt-Tasten gedrückt
              04H   Scroll Lock an
              05H   Num Lock an
              06H   Caps Lock an
              07H   Einfügen an
              08H   Linke Ctrl-Taste gedrückt
              09H   Linke Alt-Taste gedrückt
              0AH   Rechte Ctrl-Taste gedrückt
              0BH   Rechte Alt-Taste gedrückt
              0CH   Scroll-Taste gedrückt
              0DH   Num Lock-Taste gedrückt
              0EH   Caps Lock-Taste gedrückt
              0FH   SysReq Taste gedrückt

Bemerkungen:

- Benutzen Sie für die erweiterte Tastatur diese Routine anstelle
  von Int 16H Funktion 02H.

Int 17H Funktion 00H [PC] [AT]
Zeichen auf den Drucker ausgeben

Gibt ein Zeichen auf den angegebenen parallelen Druckerport aus
und gibt den Status der Schnittstelle zurück

Aufruf mit:

AH	= 00H
AL	= Zeichen
DX	= Druckernummer (0=LPT1, 1=LPT2, 2=LPT3)

Rückgabewerte:

AH = Status

Bit	Bedeutung (wenn gesetzt)
7	Drucker bereit
6	Rückmeldung des Druckers
5	Kein Papier mehr
4	Printer online (selected)
3	E/A-Fehler
2	Unbenutzt
1	Unbenutzt
0	Drucker antwortet nicht (Time-out)

Int 17H Funktion 01H [PC] [AT] [PS/2]
Druckerport initialisieren

Initialisiert den angegebenen parallelen Druckerport und gibt seinen Status zurück.

Aufruf mit:

AH	= 01H
DX	= Druckernummer (0=LPT1, 1=LPT2, 2=LPT3)

Rückgabewerte:

AH = Status (s. Int 17H Funktion 00H)

Int 17H Funktion 02H [PC] [AT] [PS/2]
Druckerstatus feststellen

Gibt den aktuellen Status des angegebenen parallelen Druckerports zurück.

Aufruf mit:

AH	= 02H
DX	= Druckernummer (0=LPT1, 1=LPT2, 2=LPT3)

<u>**Rückgabewerte:**</u>

AH   = Status (s. Int 17H Funktion 00H)

Int 18H   [PC] [AT] [PS/2]
ROM BASIC

Übergibt ROM BASIC die Kontrolle.

<u>**Aufruf mit:**</u>

Nichts

<u>**Rückgabewerte:**</u>

Keine

<u>**Bemerkungen:**</u>

- Diese Funktion wird automatisch aufgerufen, wenn beim
  Systemstart das Lesen des Bootsektors von der Diskette oder der
  Festplatte ohne Erfolg verlaufen ist.

Int 19H   [PC] [AT] [PS/2]
Systemneustart

Bootet das Betriebssystem von der Diskette oder der Festplatte.

<u>**Aufruf mit:**</u>

Nichts

<u>**Rückgabewerte:**</u>

Keine

<u>**Bemerkungen:**</u>

- Die Bootstrap-Routine liest Sektor 1 auf Spur 0 in den Speicher
  an die Stelle 0000:7C00H und übergibt dieser Adresse die wei-
  tere Kontrolle. Sind die Versuche einen Bootsektor von einer
  Diskette oder der Festplatte zu lesen ohne Erfolg geblieben,
  wird mit einem Int 18H ROM-BASIC die Kontrolle übergeben.

119

- Enthält die Speicheradresse 0000:0472H nicht den Wert 1234H, wird vor dem Lesen des Bootsektors ein Speichertest durchgeführt.

Int 1AH Funktion 00H   [AT] [PS/2]
Zeiteinheitenzähler lesen

Gibt den Wert des Zeiteinheitenzählers zurück.

Aufruf mit:

    AH   = 00H

Rückgabewerte:

    AL   = Überschlagsflag
              00H, wenn Mitternacht seit dem letzten Lesen
              nicht passiert wurde
              < >00H, wenn Mitternacht seit dem letzten Lesen
              passiert wurde
    CX:DX   = Einheitenzähler (oberen 16 Bits in CX)

Bemerkungen:

- Diese Funktion wird vom PC/XT unterstützt, ist aber auf einem normalen PC nicht vorhanden.

- Der zurückgegebene Wert ist die Anzahl der Zeiteinheiten, die seit Mitternacht verstrichen sind. Pro Sekunde vergehen 18.2 Zeiteinheiten. Erreicht der Zähler den Wert 1573040, wird er auf Null gesetzt und das Überschlagsflag gesetzt.

- Das Überschlagsflag wird durch den Funktionsaufruf gelöscht, so daß das Flag nur einmal am Tag gesetzt zurückgegeben wird.

- Mit der Int 1AH Funktion 01H kann man den Zeiteinheitenzähler mit einem festen Wert 32-Bit Wert belegen.

Int 1AH Funktion 01H   [AT] [PS/2]
Zeiteinheitenzähler setzen

Belegt den Zeiteinheitenzähler mit einem 32-Bit Wert.

<u>**Aufruf mit:**</u>

```
AH       = 01H
CX:DX    = Einheitenzähler (oberen 16 Bits in CX)
```

<u>**Rückgabewerte:**</u>

Keine

<u>**Bemerkungen:**</u>

- Diese Funktion wird vom PC/XT unterstützt, ist aber auf einem
  normalen PC nicht vorhanden.

- Das Überschlagsflag wird durch den Funktionsaufruf gelöscht.

- Mit der Int 1AH Funktion 00H kann man den Wert des Zeiteinheitenzählers auslesen.

Int 1AH Funktion 02H   [AT] [PS/2]
Uhrzeit feststellen

Liest die aktuelle Zeit vom CMOS-Uhrenchip.

<u>**Aufruf mit:**</u>

```
AH       = 02H
```

<u>**Rückgabewerte:**</u>

```
CH       = Stunden als BCD-Zahl
CL       = Minuten als BCD-Zahl
DH       = Sekunden als BCD-Zahl
DL       = Sommerzeitcode
```
        00H, bei normaler Zeit
        01H, bei Sommerzeit

Bei laufender Uhr:
Übertragsbit zurückgesetzt

Bei nicht laufender Uhr:
Übertragsbit gesetzt

Int 1AH Funktion 03H   [AT] [PS/2]
Uhrzeit setzen

Setzt die Uhrzeit im CMOS-Uhrenchip.

Aufruf mit:

AH	= 03H
CH	= Stunden als BCD-Zahl
CL	= Minuten als BCD-Zahl
DH	= Sekunden als BCD-Zahl
DL	= Sommerzeitcode
	00H, bei normaler Zeit
	01H, bei Sommerzeit

Rückgabewerte:

Keine

Int 1AH Funktion 04H   [AT] [PS/2]
Datum feststellen

Liest das aktuelle Datum aus dem CMOS-Uhrenchip.

Aufruf mit:

AH   = 04H

Rückgabewerte:

CH	= Jahrhundert (19 oder 20) als BCD-Zahl
CL	= Jahr als BCD-Zahl
DH	= Monat als BCD-Zahl
DL	= Tag als BCD-Zahl

Bei laufender Uhr:
Übertragsbit zurückgesetzt

Bei nicht laufender Uhr:
Übertragsbit gesetzt

Int 1AH Funktion 05H   [AT] [PS/2]
Datum setzen

Setzt das Datum im CMOS-Uhrenchip.

Aufruf mit:

AH	= 05H
CH	= Jahrhundert (19 oder 20) als BCD-Zahl
CL	= Jahr als BCD-Zahl
DH	= Monat als BCD-Zahl
DL	= Tag als BCD-Zahl

Rückgabewerte:

Keine

Int 1AH Funktion 06H   [AT] [PS/2]
Alarmzeit setzen

Setzt eine Alarmzeit im CMOS-Uhrenchip.

Aufruf mit:

AH	= 06H
CH	= Stunden als BCD-Zahl
CL	= Minuten als BCD-Zahl
DH	= Sekunden als BCD-Zahl

Rückgabewerte:

Bei erfolgreicher Durchführung:
Übertragsbit zurückgesetzt

*Bei nicht erfolgreicher Durchführung (Alarm schon gesetzt oder
Uhr angehalten):*
Übertragsbit gesetzt

Bemerkungen:

- Ein Seiteneffekt dieser Funktion ist, daß die Interrupt-Ebene des
  Uhrenchips (IRQ8) aktiviert wird.

- Zu jeder Zeit kann immer nur ein Alarm aktiv sein. Der Alarm
  tritt alle 24 Stunden zur angegebenen Zeit auf, bis er mit Int
  1AH Funktion 07H zurückgesetzt wird.

- Das Programm, das diese Funktion benutzt, muß die Adresse einer Interuptbehandlungsroutine für den Alarm im Vektor Int 4AH ablegen.

Int 1AH Funktion 07H [AT] [PS/2]
Alarm zurücksetzen

Hebt jede noch ausstehende Alarmanforderung im CMOS-Uhrenchip auf.

Aufruf mit:

    AH   = 07H

Rückgabewerte:

    Keine

Bemerkungen:

- Diese Funktion deaktiviert nicht die Interrupt-Ebene des Uhrenchip (IRQ8).

Int 1AH Funktion 0AH [PS/2]
Tageszähler lesen

Gibt den Wert des Tageszählers zurück.

Aufruf mit:

    AH   = 0AH

Rückgabewerte:

Bei erfolgreicher Durchführung:
Übertragsbit zurückgesetzt
CX   = Anzahl der Tage seit dem 01.01.1980

Bei nicht erfolgreicher Durchführung:
Übertragsbit gesetzt

Int 1AH Funktion 0BH
Tageszähler setzen

Speichert einen vorgegebenen Wert im Tageszähler.

<u>Aufruf mit:</u>

AH	= 0BH
CX	= Anzahl der Tage seit dem 01.01.1980

<u>Rückgabewerte:</u>

Bei erfolgreicher Durchführung:
Übertragsbit zurückgesetzt

Bei nicht erfolgreicher Durchführung:
Übertragsbit gesetzt

Tabelle der Interrupts

Interrupt	Verwendung	Modell
00H	Division durch Null	PC, AT, PS/2
01H	Einzelschritt	PC, AT, PS/2
02H	NMI	PC, AT, PS/2
03H	Breakpoint	PC, AT, PS/2
04H	Überlauf	PC, AT, PS/2
05H	ROM-BIOS Bildschirmdruck	PC, AT, PS/2
06H	Reserviert	PC
	Ausnahmefehler Grenzüberschreitung	AT, PS/2
07H	Reserviert	PC
	Ungültiger Opcode	AT, PS/2
07H	Reserviert	PC, AT, PS/2
	80287/387 nicht vorhanden	AT, PS/2
08H	IRQ0 Zeiteinheit	PC
	Doppelte Ausnahmebedingung	AT, PS/2
09H	IRQ1 Tastatur	PC
	80287/387 Segmentüberlauf	AT, PS/2
0AH	IRQ2 Reserviert	PC
	IRQ2 Kaskade vom 8259 PIC	AT, PS/2
	Ungültiver TSS	AT, PS/2
0BH	IRQ3 Serielle Kommunikation (COM2)	PC, AT, PS/2
	Segment nicht vorhanden	AT, PS/2
0CH	IRQ4 Serielle Kommunikation (COM1)	PC, AT, PS/2
	Stacksegmentüberlauf	AT, PS/2
0DH	IRQ5 Festplatte	PC
	IRQ5 Paralleler Drucker (LPT2)	AT
	Reserviert	PS/2
	Allgemeiner Sicherungsfehler	AT, PS/2
0EH	IRQ6 Floppy-Laufwerk	PC, AT, PS/2
	Seitenfehler	AT, PS/2
0FH	IRQ7 Paralleler Drucker	PC, AT, PS/2
10H	ROM-BIOS Bildschirmtreiber	PC, AT, PS/2
	Coprozessorfehler	AT, PS/2
11H	ROM-BIOS Ausrüstungsprüfung	PC, AT, PS/2
12H	ROM-BIOS Größe des konventionellen Speichers	PC, AT, PS/2
13H	ROM-BIOS Laufwerkstreiber	PC, AT, PS/2
14H	ROM-BIOS Kommunikationstreiber	PC, AT, PS/2

15H	ROM-BIOS Kassettentreiber	PC
	ROM-BIOS E/A Systemerweiterung	AT, PS/2
16H	ROM-BIOS Tastaturtreiber	PC, AT, PS/2
17H	ROM-BIOS Druckertreiber	PC, AT, PS/2
18H	ROM-BASIC	PC, AT, PS/2
19H	ROM-BIOS Kaltstart	PC, AT, PS/2
1AH	ROM-BIOS Tagesdatum	AT, PS/2
1BH	ROM-BIOS Ctrl-Break	PC, AT, PS/2
1CH	ROM-BIOS Zeiteinheit	PC, AT, PS/2
1DH	ROM-BIOS Bildschirmparametertabelle	PC, AT, PS/2
1EH	ROM-BIOS Floppy-Laufwerksparameter	PC, AT, PS/2
1FH	ROM-BIOS Zeichensatz (Zeichen 80H-FFH)	PC, AT, PS/2
20H	MS-DOS Prozess beenden	PC, AT, PS/2
21H	MS-DOS Funktionsverteiler	
22H	MS-DOS Terminierungsadresse	
23H	MS-DOS Ctrl-C Behandlungsadresse	
24H	MS-DOS Behandlungsadresse für kritische Fehler	
25H	MS-DOS Absolutes Lesen von einem Laufwerk	
26H	MS-DOS Absolutes Schreiben auf ein Laufwerk	
27H	MS-DOS Terminieren und resident bleiben	
28H	MS-DOS Idle-Interrupt	
29H	MS-DOS Reserviert	
2AH	MS-DOS Netzwerkumleitung	
2BH-2EH	MS-DOS Reserviert	
2FH	MS-DOS Multiplex-Interrupt	
30H-3FH	MS-DOS Reserviert	
40H	ROM-BIOS Floppy-Laufwerkstreiber (wenn Festplatte installiert)	
41H	ROM-BIOS Festplattenparameter	PC
	ROM-BIOS Festplattenparameter (Laufwerk 0)	AT, PS/2
42H	ROM-BIOS Standard-Bildschirmtreiber (wenn EGA installiert)	PC, AT, PS/2
43H	EGA, MCGA, VGA Zeichentabelle	PC, AT, PS/2
46H	ROM-BIOS Festplattenparameter (Laufwerk 1)	AT, PS/2

4AH	ROM-BIOS Alarm-Behandlungs- routine	AT, PS/2
5AH	Cluster-Adapter	PC, AT
5BH	Vom Cluster-Programm benutzt	PC, AT
60H-66H	Benutzerinterrupts	PC, AT, PS/2
67H	LIM EMS Treiber	PC, AT, PS/2
70H	IRQ8 CMOS Echtzeituhr	AT, PS/2
71H	IRQ9	AT, PS/2
72H	IRQ10 Reserviert	AT, PS/2
73H	IRQ11 Reserviert	AT, PS/2
74H	IRQ12 Reserviert	AT
	IRQ12 Maus	PS/2
75H	IRQ13 Koprozessor	AT, PS/2
76H	IRQ14 Festplattencontroller	AT, PS/2
77H	IRQ15 Reserviert	AT, PS/2
80H-F0H	BASIC	PC, AT, PS/2
F1H-FFH	Unbenutzt	PC, AT, PS/2

Tabelle der E/A-Ports

Bereich	*Verwendung*	*Modell*
0000-000FH	DMA-Controller 8237A	PC
0000-001FH	DMA-Controller 1, 8237A	AT
0000-001FH	DMA-Controller 1, 8237A- Kompatibel	PS/2
0020-0021H	Interrupt-Controller 1, 8259A	PC, AT, PS/2
0040-0043H	Programmierbarer Zeitgeber 8253	PC
0040-005FH	Programmierbarer Zeitgeber 8254	AT
0040-0047H	Programmierbare Zeitgeber	PS/2
0060-0063H	Tastatur-Controller 8255A	PC
0060-006FH	Tastatur-Controller 8042	AT
0060H	Tastatur-Controller, Zusatzgerät	PS/2
0061H	System-Kontrollport B	PS/2
0064	Tastatur-Controller, Zusatzgerät	PS/2
0070-007FH	CMOS Echtzeituhr, NMI- Maske	AT
0070-0071H	CMOS Echtzeituhr, NMI- Maske	PS/2
0074-0076H	Reserviert	PS/2
0080-008FH	DMA-Seitenregister	PS/2

Adresse	Funktion	System
0080-009FH	DMA-Seitenregister, 74LS612	AT
0090H	Zentraler Verteiler-Kontrollport	PS/2
0091H	Ausgewählte Rückmeldung	PS/2
0092H	System-Kontrollport A	PS/2
0093H	Reserviert	PS/2
0094H	Systemplatineneinstellung	PS/2
0096-0097H	POS, Auswahl eines Kanalanschlusses	PS/2
00A0H	NMI-Maskenregister	PC
00A0-00A1H	Interrupt-Controller 2, 8259A	AT, PS/2
00C0-00DFH	DMA-Controller 2, 8237A-5	AT, PS/2
00F0-00FFH	Mathematik-Koprozessor	AT, PS/2
0100-0107H	Programmierbare Optionsauswahl	PS/2
01F0-01F8H	Festplatte	AT, PS/2
0200-020FH	Spiele-Controller	PC, AT
0210-0217H	Erweiterungseinheit	PC
0278-027FH	Paralleler Druckerport 2	AT
0278-027BH	Paralleler Druckerport 3	PS/2
02B0-02DFH	EGA (alternativ)	PC, AT
02E1H	GPIB (Adapter 0)	AT
02E2-02E3H	Datenübernahme (Adapter 0)	AT
02F8-02FFH	Serielle Kommunikation (COM2)	PC, AT, PS/2
0300-031FH	Prototypenkarte	PC, AT
0320-032FH	Festplatte	PC
0360-036FH	PC-Netzwerk	AT
0378-037FH	Paralleler Druckerport 1	PC, AT
0378-037BH	Paralleler Druckerport 2	PS/2
0380-038CH	SDLC Kommunikation	PC, AT
0380-0389H	BSC Kommunikation (alternativ)	PC
0390-0393H	Cluster (Adapter 0)	PC, AT
03A0-03A9H	BSC Kommunikation (primär)	PC, AT
03B0-03BFH	Monochrom/Drucker Adapter	PC, AT
03B4-03B5H	Video-Subsystem	PS/2
03BAH	Video-Subsystem	PS/2
03BC-03BFH	Paralleler Druckerport 1	PS/2
03C0-03CFH	EGA (primär)	PC, AT
03C0-03DAH	Video-Subsystem und DAC	PS/2
03D0-03DFH	CGA	PC, AT
03F0-03F7H	Floppy-Controller	PC, AT, PS/2

03F8-03FFH	Serielle Kommunikation (COM1)	PC, AT, PS/2
06E2-06E3H	Datenübernahme (Adapter 1)	AT
0790-0793H	Cluster (Adapter 1)	PC, AT
0AE2-0AE3H	Datenübernahme (Adapter 2)	AT
0B90-0B93H	Cluster (Adapter 2)	PC, AT
0EE2-0EE3H	Datenübernahme (Adapter 3)	AT
1390-1393H	Cluster (Adapter 3)	PC, AT
22E1H	GPIB (Adapter 1)	
2390-2393H	Cluster (Adapter 4)	PC, AT
42E1H	GPIB (Adapter 2)	AT
62E1H	GPIB (Adapter 3)	AT
82E1H	GPIB (Adapter 4)	AT
A2E1H	GPIB (Adapter 5)	AT
C2E1H	GPIB (Adapter 6)	AT
E2E1H	GPIB (Adapter 7)	AT

Tabelle der Bildschirmattribute und der Farben

Attribut-Byte für Bildschirmmodus 7

7	6	5	4	3	2	1	0
B	Hintergrund			I	Vordergrund		

B = Blinken
I = Intensivanzeige

Anzeige	*Hintergund*	*Vordergrund*
Keine (Schwarz)	000	000
Keine (Weiß)*	111	111
Unterstrichen	000	001
Normal	000	111
Invers	111	000

*Nur VGA

Attribut-Byte für Bildschirmmodi 0-3

7	6	5	4	3	2	1	0
B	Hintergrund			I	Vordergrund		

B = Blinken *oder* Hintergrund intensiv (Standard = Blinken)
I = Vordergrund intensiv oder Zeichenauswahl (Standard = intensiv)

Die folgende Tabelle gilt für die Standard-Palette. Es wird vorausgesetzt, daß B und I auf Intensivanzeige eingestellt sind.

Wert	*Farbe*	*Wert*	*Farbe*
0	Schwarz	8	Grau
1	Blau	9	Hellblau
2	Grün	10	Hellgrün
3	Türkis	11	Helltürkis
4	Rot	12	Hellrot
5	Magenta	13	Hellmagenta
6	Braun	14	Gelb
7	Weiß	15	Intensivweiß

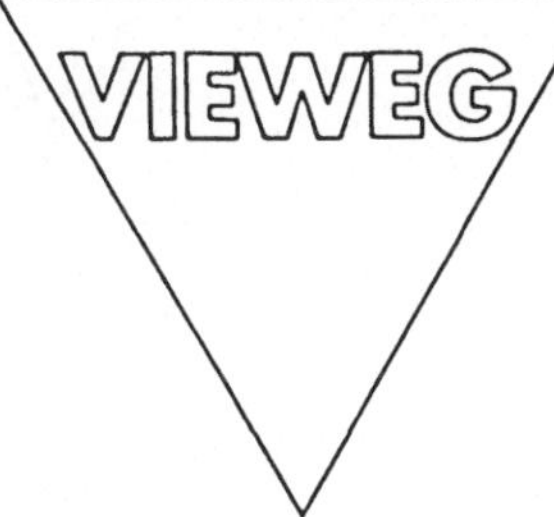

Ray Duncan

MS-DOS für Fortgeschrittene

Das Microsoft-Handbuch zum Programmieren mit Assembler und C. (Advanced MS-DOS, dt.) Aus dem Amerikanischen übersetzt und bearbeitet von Andreas Dripke und Angelika Schätzel. Ein Microsoft Press/Vieweg-Buch. 1987. X, 473 Seiten. 18,5 x 23,5 cm. Kartoniert.

Inhalt: Die Entwicklung von MS-DOS – Die Arbeitsweise von MS-DOS – Programmieren unter MS-DOS – Einsatz der Programmierhilfen unter MS-DOS – Programmierung zeichenorientierter Ein- und Ausgabegeräte – Manipulation von Dateien und Datensätzen unter MS-DOS – Dateiverzeichnisse, Unterverzeichnisse und Datenträgerkennsatz – Disketten und Platten – Speicherverwaltung – Die EXEC-Funktion – Interruptbearbeitungsroutinen – Installierbare Schnittstellentreiber – Entwicklung von Filtern unter MS-DOS – MS-DOS Programming Reference – IBM PC BIOS Reference – Lotus/Intel/Microsoft Expanded Memory Specification Reference – Index Deutsch/Englisch und Englisch/Deutsch.

Das MS-DOS-Buch für den erfahrenen Programmierer beschreibt neben nützlichen Systemroutinen vor allem die Schnittstelle des Betriebssystems zur Programmiersprache C und Assembler. Das Buch ist ein Kompendium für den anspruchsvollen Systementwickler.
Im Anhang ist eine vollständige Auflistung aller Systemaufrufe und der Gerätetreiber enthalten, die zur professionellen Systemprogrammierung mit MS-DOS (bis Version 3.1) benötigt werden.
Das Microsoft Handbuch ist das authentische Nachschlagewerk für den PC-Programmierer.

Die Software zum Buch:
5 1/4"-Diskette für IBM PC und Kompatible unter MS-DOS.

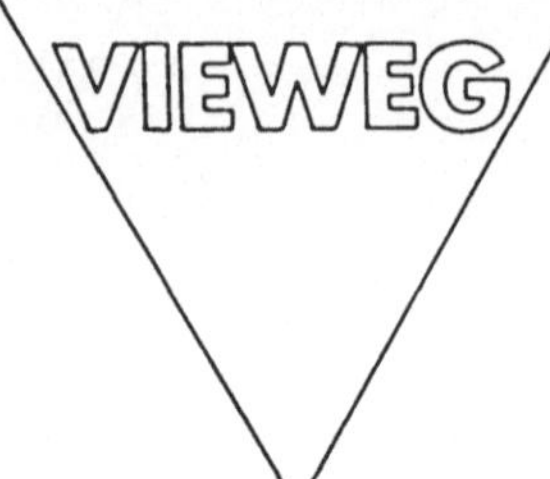

INSIDE OS/2

BESCHREIBUNG · EINSATZ · TECHNISCHE DETAILS

von Gordon Letwin

Aus dem Amerikanischen übersetzt von Andreas Dripke und Angelika Schätzel. Ein Microsoft Press/Vieweg-Buch. 1988. XX, 380 Seiten. 18,5 x 23,5 cm. Kartoniert.

Gordon Letwin ist „Chief Architect of Systems Software" bei Microsoft. Als Entwickler von OS/2 kennt Letwin daher das neue Betriebssystem mit all seinen Vorzügen und Raffinessen (leistungsfähige Graphik, echtes Multitasking etc.) Insbesondere kann der Autor detailliert Auskunft geben über die besonderen, z. B. prozessorbedingten Unterscheidungsmerkmale von OS/2 gegenüber dem „alten" Betriebssystem MS-DOS.

Das Buch beschreibt die wesentlichen Elemente von OS/2. Dabei versteht es der Autor, die größeren Zusammenhänge, die zu der Entwicklung einzelner Features von OS/2 geführt haben, verständlich darzustellen. Darüber hinaus werden die technischen Details, die für jeden ernsthaften Programmierer von Belang sind, präzise und eingängig erläutert. Beispielsweise geht es um:

- ☐ Multitaskingabläufe
- ☐ VIO Benutzerschnittstelle
- ☐ Dynamisches Linken
- ☐ Speicherverwaltung
- ☐ Presentation-Manager
- ☐ Einheitentreiber

Ein kompententes Buch, von dem OS/2 Insider für künftige Insider geschrieben.